JN029447

やりきれるから自信がつく！

✓ 1日1枚の勉強で，学習習慣が定着！

◎目標時間に合わせ，無理のない量の問題数で構成されているので，
「1日1枚」やりきることができます。

◎解説が丁寧なので，まだ学校で習っていない内容でも勉強を進めることができます。

✓ すべての学習の土台となる「基礎力」が身につく！

◎スモールステップで構成され，1冊の中でも繰り返し練習していくので，
確実に「基礎力」を身につけることができます。「基礎」が身につくことで，発
展的な内容に進むことができるのです。

◎教科書に沿っているので，授業の進度に合わせて使うこともできます。

✓ 勉強管理アプリの活用で，楽しく勉強できる！

◎設定した勉強時間にアラームが鳴るので，学習習慣がしっかりと身につきます。

◎時間や点数などを登録していくと，成績がグラフ化されたり，
賞状をもらえたりするので，達成感を得られます。

◎勉強をがんばると，キャラクターとコミュニケーションを
取ることができるので，日々のモチベーションが上がります。

① 1日1枚, 集中して解きましょう。

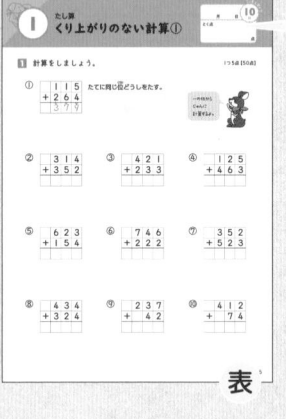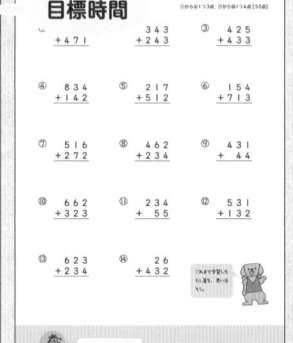

◎ **1回分は, 1枚（表と裏）です。**
1枚ずつはがして使うこともできます。

◎ **目標時間を意識して解きましょう。**
アプリのストップウォッチなどで, かかった時間をはかるとよいです。

・巻末の「まとめテスト」で, この本の内容が身についたか確認できます。

表 / 裏

② 答え合わせをしましょう。

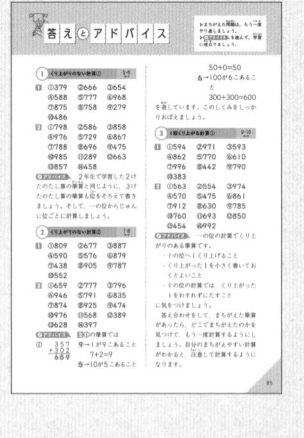

・本の最後に, 「答えとアドバイス」があります。

・答え合わせをして, 点数をつけましょう。

できなかった問題を
解き直すと、
より力がつくよ！

③ アプリに得点を登録しましょう。

・アプリに得点を登録すると, 成績がグラフ化されます。
・勉強すると, キャラクターが育ちます。

毎日のドリル 勉強管理アプリ

「毎日のドリル」シリーズ専用、スマートフォン・タブレットで使える無料アプリです。1つのアプリでシリーズすべてを管理でき、学習習慣が楽しく身につきます。

1 「毎日のドリル」の学習を徹底サポート！

目標と得点を意識しよう！

毎日の勉強タイムをお知らせする
［タイマー］

かかった時間を計る
［ストップウォッチ］

勉強した日を記録する
［カレンダー］

入力した得点を
［グラフ化］

2 キャラクターと楽しく学べる！

好きなキャラクターを選ぶことができます。勉強をがんばるとキャラクターが育ち、「ひみつ」や「ワザ」が増えます。

3 1冊終わると、ごほうびがもらえる！

ドリルが1冊終わるごとに、賞状やメダル、称号がもらえます。

これは やる気が でちゃうぜ！

4 漢字と英単語のゲームにチャレンジ！

自己ベスト更新を目指そう！

ゲームで、どこでも手軽に、楽しく勉強できます。漢字は学年別、英単語はレベル別に構成されており、ドリルで勉強した内容の確認にもなります。

アプリの無料ダウンロードはこちらから！

https://gakken-ep.jp/extra/maidori/

【推奨環境】
■各種Android端末：対応OS Android6.0以上
■各種iOS（iPadOS）端末：対応OS iOS10以上

※対応OSであっても、Intel CPU（x86 Atom）搭載の端末については、各ストアでご確認ください。

※お客様のネット環境および携帯端末によりアプリをご利用できない場合は、当社は責任を負いかねます。ご理解、ご了承くださいますようお願いいたします。
また、事前の予告なく〈サービスの提供を中止する場合があります。ご了承ください。

1

たし算
くり上がりのない計算①

1 計算をしましょう。

1つ5点【50点】

①
$$\begin{array}{r} 1\ 1\ 5 \\ +\ 2\ 6\ 4 \\ \hline 3\ 7\ 9 \end{array}$$

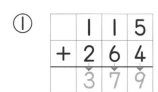 たてに同じ位どうしをたす。

 一の位から じゅんに 計算するよ。

②
$$\begin{array}{r} 3\ 1\ 4 \\ +\ 3\ 5\ 2 \\ \hline \end{array}$$

③
$$\begin{array}{r} 4\ 2\ 1 \\ +\ 2\ 3\ 3 \\ \hline \end{array}$$

④
$$\begin{array}{r} 1\ 2\ 5 \\ +\ 4\ 6\ 3 \\ \hline \end{array}$$

⑤
$$\begin{array}{r} 6\ 2\ 3 \\ +\ 1\ 5\ 4 \\ \hline \end{array}$$

⑥
$$\begin{array}{r} 7\ 4\ 6 \\ +\ 2\ 2\ 2 \\ \hline \end{array}$$

⑦
$$\begin{array}{r} 3\ 5\ 2 \\ +\ 5\ 2\ 3 \\ \hline \end{array}$$

⑧
$$\begin{array}{r} 4\ 3\ 4 \\ +\ 3\ 2\ 4 \\ \hline \end{array}$$

⑨
$$\begin{array}{r} 2\ 3\ 7 \\ +\ \ \ 4\ 2 \\ \hline \end{array}$$

⑩
$$\begin{array}{r} 4\ 1\ 2 \\ +\ \ \ 7\ 4 \\ \hline \end{array}$$

2 計算をしましょう。

①から⑥1つ3点, ⑦から⑭1つ4点【50点】

①
```
  327
+ 471
```

②
```
  343
+ 243
```

③
```
  425
+ 433
```

④
```
  834
+ 142
```

⑤
```
  217
+ 512
```

⑥
```
  154
+ 713
```

⑦
```
  516
+ 272
```

⑧
```
  462
+ 234
```

⑨
```
  431
+  44
```

⑩
```
  662
+ 323
```

⑪
```
  234
+  55
```

⑫
```
  531
+ 132
```

⑬
```
  623
+ 234
```

⑭
```
   26
+ 432
```

これまで学習した
たし算を，思い出
そう。

これからいっしょにがんばろう！

答え ▶ 85ページ

くり上がりのない計算②

1 計算をしましょう。

1つ5点【50点】

①
```
  3 0 8
+ 5 0 1
  8 0 9
```
↑
0+0=0

0のある位の計算に気をつけよう！

②
```
  1 2 0
+ 5 5 7
```

③
```
  7 0 3
+ 1 8 4
```

④
```
  2 5 0
+ 3 4 0
```

⑤
```
  3 7 2
+ 2 0 4
```

⑥
```
  2 0 9
+ 6 7 0
```

⑦
```
  3 3 4
+ 1 0 4
```

⑧
```
  8 0 3
+ 1 0 2
```

⑨
```
  7 0 6
+   8 1
```

⑩
```
    4 0
+ 5 1 2
```

2 計算をしましょう。

①から⑥1つ3点，⑦から⑭1つ4点【50点】

①
$$357 + 302$$

②
$$257 + 520$$

③
$$664 + 132$$

④
$$703 + 243$$

⑤
$$431 + 360$$

⑥
$$600 + 235$$

⑦
$$372 + 502$$

⑧
$$223 + 702$$

⑨
$$324 + 150$$

⑩
$$702 + 274$$

⑪
$$165 + 403$$

⑫
$$357 + 32$$

⑬
$$206 + 422$$

⑭
$$55 + 342$$

アプリに，とく点を登録してみよう！

答え ▶ 85ページ

3 たし算
１回くり上がる計算①

1 計算をしましょう。

1つ5点【50点】

①
```
   3 1 8
 + 2 7 6
 ─────────
   5 9 4
```
一の位の計算は
8+6＝14 なので，
十の位へ１くり上げる。

②
```
   2 4 5
 + 7 2 6
 ─────────
```

③
```
   4 0 6
 + 1 8 7
 ─────────
```

④
```
   2 5 3
 + 6 0 9
 ─────────
```

⑤
```
   5 1 2
 + 2 5 8
 ─────────
```

⑥
```
   2 0 4
 + 4 0 6
 ─────────
```

⑦
```
   6 7 9
 + 3 1 7
 ─────────
```

⑧
```
   4 1 8
 +   2 4
 ─────────
```

⑨
```
   7 0 1
 +   8 9
 ─────────
```

⑩
```
     7 5
 + 3 0 8
 ─────────
```

くり上がりを
わすれて
ないかな？

2 計算をしましょう。

①から⑥１つ３点，⑦から⑭１つ４点【50点】

①
```
  426
+ 137
```

②
```
  249
+ 305
```

③
```
  758
+ 216
```

④
```
  317
+ 253
```

⑤
```
  146
+ 329
```

⑥
```
  825
+  36
```

⑦
```
  508
+ 404
```

⑧
```
  603
+  27
```

⑨
```
  529
+ 256
```

⑩
```
  609
+ 151
```

⑪
```
  325
+ 368
```

⑫
```
  642
+ 208
```

⑬
```
   47
+ 407
```

⑭
```
  475
+ 517
```

どの計算も，１回
くり上がりが
あったね。

その調子，その調子！

答え ▶ 85ページ

4 たし算
1回くり上がる計算②

1 計算をしましょう。

1つ5点【50点】

①
$$\begin{array}{r} 462 \\ +275 \\ \hline 737 \end{array}$$

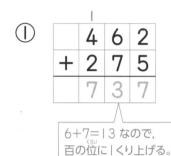

6+7=13なので，
百の位に1くり上げる。

②
$$\begin{array}{r} 183 \\ +346 \\ \hline \end{array}$$

③
$$\begin{array}{r} 728 \\ +190 \\ \hline \end{array}$$

④
$$\begin{array}{r} 641 \\ +276 \\ \hline \end{array}$$

⑤
$$\begin{array}{r} 280 \\ +370 \\ \hline \end{array}$$

⑥
$$\begin{array}{r} 694 \\ +153 \\ \hline \end{array}$$

⑦
$$\begin{array}{r} 190 \\ +219 \\ \hline \end{array}$$

⑧
$$\begin{array}{r} 541 \\ +376 \\ \hline \end{array}$$

⑨
$$\begin{array}{r} 764 \\ +92 \\ \hline \end{array}$$

⑩
$$\begin{array}{r} 30 \\ +487 \\ \hline \end{array}$$

十の位から百の位への
くり上がりに，気を
つけよう。

2 計算をしましょう。

①から⑥1つ3点，⑦から⑭1つ4点【50点】

①
```
  270
+ 367
```

②
```
  546
+ 283
```

③
```
  364
+ 243
```

④
```
  647
+ 271
```

⑤
```
  170
+ 590
```

⑥
```
   43
+ 762
```

⑦
```
  495
+ 154
```

⑧
```
  380
+ 220
```

⑨
```
  195
+ 561
```

⑩
```
  313
+  94
```

⑪
```
  482
+ 366
```

⑫
```
   30
+ 587
```

⑬
```
  243
+ 193
```

⑭
```
  374
+ 435
```

今日もよくがんばったね！

答え ▶ 86ページ

1回くり上がる計算③

1 計算をしましょう。

①
```
    1
  3 3 8
+ 2 4 5
───────
  5 8 3
```

②
```
  8 0 7
+ 1 6 9
───────
```

③
```
  2 5 9
+ 4 2 1
───────
```

④
```
  3 4 5
+   2 9
───────
```

⑤
```
  7 0 4
+ 1 0 7
───────
```

⑥
```
  2 8 5
+ 5 6 1
───────
```

⑦
```
  3 5 4
+ 2 7 0
───────
```

⑧
```
  6 9 2
+ 2 3 6
───────
```

⑨
```
  4 3 6
+ 4 7 0
───────
```

⑩
```
    9 1
+ 7 4 3
───────
```

くり上がった1を
小さく書いておくと
いいよ。

2 計算をしましょう。

①
```
   735
 + 194
```

②
```
   358
 + 436
```

③
```
   544
 +  83
```

④
```
   206
 + 384
```

⑤
```
   603
 + 108
```

⑥
```
   232
 + 476
```

⑦
```
   573
 + 362
```

⑧
```
   412
 +  39
```

⑨
```
    93
 + 514
```

⑩
```
   590
 + 260
```

⑪
```
   639
 + 259
```

⑫
```
   450
 +  76
```

⑬
```
    25
 + 905
```

⑭
```
   460
 + 287
```

たし算の筆算になれた？

おうえんしてるからね！

答え ▶ 86ページ

14

6

たし算
2回くり上がる計算①

1 計算をしましょう。

1つ5点【50点】

①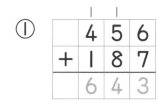

❶一の位の計算は
6+7=13 なので
十の位に1くり上げる。
❷十の位の計算は
1+5+8=14 なので
百の位に1くり上げる。

くり上がりが
2回あるよ！

②
```
  2 9 7
+ 5 3 4
```

③
```
  4 7 2
+ 2 5 8
```

④
```
  3 7 9
+ 2 8 6
```

⑤
```
  5 9 4
+ 3 7 8
```

⑥
```
  1 6 8
+ 2 4 9
```

⑦
```
  3 4 1
+ 5 6 9
```

⑧
```
  4 5 8
+ 2 6 5
```

⑨
```
  5 3 7
+   8 6
```

⑩
```
    9 4
+ 7 6 7
```

15

2 計算をしましょう。

①から⑥1つ3点, ⑦から⑭1つ4点【50点】

①
$$
\begin{array}{r}
479 \\
+284 \\
\hline
\end{array}
$$

②
$$
\begin{array}{r}
375 \\
+58 \\
\hline
\end{array}
$$

③
$$
\begin{array}{r}
258 \\
+697 \\
\hline
\end{array}
$$

④
$$
\begin{array}{r}
183 \\
+347 \\
\hline
\end{array}
$$

⑤
$$
\begin{array}{r}
529 \\
+298 \\
\hline
\end{array}
$$

⑥
$$
\begin{array}{r}
476 \\
+335 \\
\hline
\end{array}
$$

⑦
$$
\begin{array}{r}
684 \\
+259 \\
\hline
\end{array}
$$

⑧
$$
\begin{array}{r}
518 \\
+96 \\
\hline
\end{array}
$$

⑨
$$
\begin{array}{r}
345 \\
+487 \\
\hline
\end{array}
$$

⑩
$$
\begin{array}{r}
767 \\
+189 \\
\hline
\end{array}
$$

⑪
$$
\begin{array}{r}
249 \\
+461 \\
\hline
\end{array}
$$

⑫
$$
\begin{array}{r}
72 \\
+578 \\
\hline
\end{array}
$$

⑬
$$
\begin{array}{r}
689 \\
+237 \\
\hline
\end{array}
$$

⑭
$$
\begin{array}{r}
369 \\
+476 \\
\hline
\end{array}
$$

見直した？

答え ▶ 86ページ

たし算
2回くり上がる計算②

1 計算をしましょう。

1つ5点【25点】

①
```
  1 7 9
+ 4 8 3
```

②
```
  6 5 4
+ 2 7 8
```

③
```
  3 2 5
+ 3 8 6
```

④
```
  4 6 8
+ 1 4 2
```

⑤
```
  7 3 8
+   9 6
```

2 計算をしましょう。

1つ5点【25点】

①
```
  3 5 7
+ 1 4 6
  5 0 3
```

1+5+4=10
百の位へ1くり上げる。

②
```
  3 0 8
+ 5 9 4
```

③
```
  5 7 2
+ 2 2 8
```

④
```
    9 3
+ 4 0 8
```

⑤
```
  2 9 9
+     1
```

十の位の
くり上がりに
気をつけよう。

3 計算をしましょう。

①から⑥1つ3点，⑦から⑭1つ4点【50点】

①
$$385 + 217$$

②
$$189 + 375$$

③
$$637 + 264$$

④
$$456 + 79$$

⑤
$$358 + 146$$

⑥
$$329 + 588$$

⑦
$$206 + 97$$

⑧
$$376 + 425$$

⑨
$$584 + 299$$

⑩
$$67 + 635$$

⑪
$$495 + 5$$

⑫
$$867 + 78$$

⑬
$$298 + 305$$

⑭
$$793 + 7$$

「0」を「6」に
書きまちがえて
ないかな？

今日もバッチリできたね！

答え ▶ 87ページ

百の位で
くり上がる計算①

月　日　10分

とく点

点

1 計算をしましょう。

1つ5点【50点】

①
	8	7	6
+	4	2	1
1	2	9	7

百の位の計算は
8+4=12 なので,
千の位へ1くり上げる。

②
	9	0	5
+	5	4	4

③
	8	2	3
+	5	7	5

④
	7	3	5
+	6	2	7

⑤
	4	1	9
+	8	0	6

⑥
	9	5	4
+	6	2	6

⑦
	2	4	8
+	8	3	7

⑧
	5	7	1
+	8	9	7

⑨
	4	3	2
+	9	7	5

⑩
	7	6	8
+	3	5	0

いよいよ
千の位に
くり上がる
計算だね。

2 計算をしましょう。

①から⑥1つ3点，⑦から⑭1つ4点【50点】

①
```
   747
 + 532
```

②
```
   374
 + 819
```

③
```
   612
 + 445
```

④
```
   953
 + 371
```

⑤
```
   536
 + 924
```

⑥
```
   496
 + 852
```

⑦
```
   928
 + 470
```

⑧
```
   708
 + 609
```

⑨
```
   851
 + 239
```

⑩
```
   983
 + 526
```

⑪
```
   375
 + 781
```

⑫
```
   628
 + 914
```

⑬
```
   837
 + 642
```

⑭
```
   724
 + 383
```

おうえんしてるからね！

答え ▶ 87ページ

百の位で くり上がる計算②

月　　日　　10分

とく点

点

1 計算をしましょう。　　　　　　　　　　　　　1つ5点【50点】

①
```
   8 7 2
+  5 4 6
─────────
 1 4 1 8
```

②
```
   4 0 9
+  9 5 7
─────────
```

③
```
   7 8 4
+  2 6 3
─────────
```

④
```
   2 8 7
+  9 5 6
─────────
```

⑤
```
   7 5 9
+  3 4 5
─────────
```

⑥
```
   4 8 3
+  5 3 8
─────────
```

⑦
```
   8 2 6
+  1 7 9
─────────
```

⑧
```
   4 6 3
+  5 3 7
─────────
```

⑨
```
   9 7 4
+    7 8
─────────
```

⑩
```
   9 1 6
+    8 4
─────────
```

くり上がりの「1」は、正しいところに書こうね。

2 計算をしましょう。

①から⑥1つ3点，⑦から⑭1つ4点【50点】

①
$$\begin{array}{r} 745 \\ +698 \\ \hline \end{array}$$

②
$$\begin{array}{r} 384 \\ +831 \\ \hline \end{array}$$

③
$$\begin{array}{r} 436 \\ +704 \\ \hline \end{array}$$

④
$$\begin{array}{r} 572 \\ +451 \\ \hline \end{array}$$

⑤
$$\begin{array}{r} 875 \\ +637 \\ \hline \end{array}$$

⑥
$$\begin{array}{r} 348 \\ +689 \\ \hline \end{array}$$

⑦
$$\begin{array}{r} 615 \\ +576 \\ \hline \end{array}$$

⑧
$$\begin{array}{r} 883 \\ +739 \\ \hline \end{array}$$

⑨
$$\begin{array}{r} 958 \\ +96 \\ \hline \end{array}$$

⑩
$$\begin{array}{r} 599 \\ +567 \\ \hline \end{array}$$

⑪
$$\begin{array}{r} 764 \\ +448 \\ \hline \end{array}$$

⑫
$$\begin{array}{r} 903 \\ +97 \\ \hline \end{array}$$

⑬
$$\begin{array}{r} 627 \\ +376 \\ \hline \end{array}$$

⑭
$$\begin{array}{r} 739 \\ +261 \\ \hline \end{array}$$

早ね早おき
してる？

その調子，その調子！

答え ▶ 87ページ

月　　日　⏱15分

とく点

点

1 計算をしましょう。

1つ3点【42点】

①
```
   5 4 7
+  1 3 2
--------
```

②
```
   4 5 6
+  2 4 2
--------
```

③
```
   5 3 6
+  2 5 8
--------
```

④
```
   1 5 9
+  4 0 4
--------
```

⑤
```
   2 6 7
+  4 7 2
--------
```

⑥
```
   5 9 0
+  3 1 4
--------
```

⑦
```
   2 9 3
+  1 4 8
--------
```

⑧
```
   3 8 4
+  4 3 6
--------
```

⑨
```
   8 5 6
+    8 6
--------
```

⑩
```
   3 4 8
+  4 5 9
--------
```

⑪
```
   6 4 2
+  5 3 2
--------
```

⑫
```
   9 4 6
+    5 4
--------
```

⑬
```
   7 5 2
+  6 3 9
--------
```

⑭
```
   7 8 9
+  3 1 7
--------
```

これまでのまとめだよ。
テストの気持ちで
集中して
取り組もう！

23

2 計算をしましょう。

① 　314
　＋464

② 　806
　＋　93

③ 　298
　＋390

④ 　354
　＋207

⑤ 　378
　＋237

⑥ 　203
　＋497

⑦ 　539
　＋264

⑧ 　482
　＋　79

⑨ 　738
　＋461

⑩ 　463
　＋819

⑪ 　174
　＋826

⑫ 　958
　＋462

3 次の計算を，□の中に筆算でしましょう。

１つ５点【20点】

① 562＋173

② 765＋187

③ 342＋367

④ 858＋462

今日もがんばったね！

答え ▶ 87ページ

たし算
たし算の練習②

一の位から
ていねいに
計算しよう。

 計算をしましょう。

1つ3点【42点】

①
```
    5 4 8
+   3 0 1
─────────
```

②
```
    4 2 6
+   4 8 6
─────────
```

③
```
    9 7 6
+     4 9
─────────
```

④
```
      5 4
+   4 7 9
─────────
```

⑤
```
    5 9 1
+   1 8 9
─────────
```

⑥
```
    3 0 9
+   6 9 4
─────────
```

⑦
```
    6 7 4
+   1 8 3
─────────
```

⑧
```
    8 7 9
+   4 3 5
─────────
```

⑨
```
    2 0 6
+   5 0 4
─────────
```

⑩
```
    2 7 1
+   3 5 7
─────────
```

⑪
```
    7 5 3
+   4 3 4
─────────
```

⑫
```
    8 2 8
+   6 6 3
─────────
```

⑬
```
    8 6 4
+   1 3 6
─────────
```

⑭
```
        8
+   9 9 7
─────────
```

 25

2 計算をしましょう。

①から⑩1つ3点，⑪・⑫1つ4点【38点】

①　　168
　　 ＋677

②　　 42
　　 ＋456

③　　506
　　 ＋569

④　　384
　　 ＋485

⑤　　392
　　 ＋508

⑥　　429
　　 ＋276

⑦　　751
　　 ＋189

⑧　　896
　　 ＋478

⑨　　683
　　 ＋269

⑩　　395
　　 ＋ 91

⑪　　897
　　 ＋573

⑫　　982
　　 ＋ 19

3 次の計算を，□の中に筆算でしましょう。

1つ5点【20点】

①　173＋248

②　225＋497

③　316＋286

④　748＋584

よくがんばったね。次はパズルだよ！

答え ▶ 88ページ

12 算数パズル ［どっちが多いかな？］

1 ①〜⑥の筆算で，□にあてはまる数字を書こう。次に，あと○の写真の□の数字を，それぞれ全部たしてみよう。数の大きい写真は，どちらかな。

あ

①
```
   5 □ 9
+  2 3 0
─────────
 □   5 9
```

②
```
  □ 7 2
+ 1 0 □
───────
  4 7 8
```

③
```
   6 4 □
+  3 4 4
─────────
  9 □ 6
```

○

④
```
  □ 3 2
+   3 □
───────
  8 6 2
```

⑤
```
   □ 5
+ 7 1 3
───────
 □ 9 8
```

⑥
```
  □ 0 3
+ 4 3 2
───────
 8 □ 5
```

答え 数の大きい写真は，

①～⑧の筆算で，□にあてはまる数字を書こう。次に，あといの木の□の数字を，それぞれ全部たしてみよう。数の大きいほうの木に，たくさんの虫がかくれているよ。どちらの木かな。

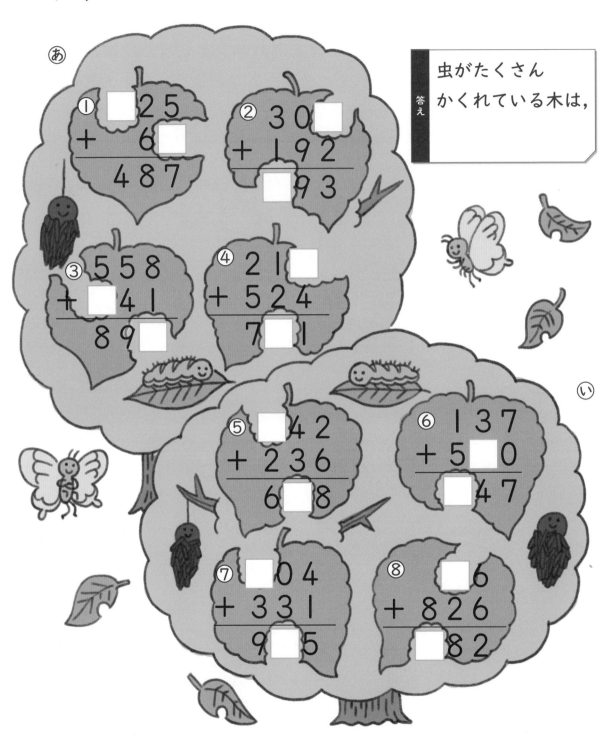

あ

① □25
　+　6□
　　487

② 30□
　+192
　□93

③ 558
　+□41
　89□

④ 21□
　+524
　7□1

答え　虫がたくさん
　　　かくれている木は，

⑤ □42
　+236
　6□8

⑥ 137
　+5□0
　□47

⑦ □04
　+331
　9□5

⑧ □6
　+826
　□82

い

答え ▶ 88ページ

13 ひき算
くり下がりのない計算①

1 計算をしましょう。

1つ5点【50点】

①
```
  3 6 5
- 1 2 3
  2 4 2
```
たてに同じ位どうしをひく。

②
```
  4 4 7
- 2 1 3
```

③
```
  5 2 4
- 4 1 2
```

④
```
  6 6 5
- 2 4 2
```

⑤
```
  5 8 9
- 3 7 4
```

⑥
```
  7 9 8
- 2 5 4
```

⑦
```
  7 6 7
- 6 3 4
```

⑧
```
  9 7 8
- 7 2 5
```

⑨
```
  8 6 9
- 4 2 3
```

⑩
```
  8 6 7
- 3 5 5
```

3けたになっても
一の位からじゅん
に計算しよう。

2 計算をしましょう。

①
```
  8 2 4
- 7 1 3
```

②
```
  7 9 3
- 5 3 1
```

③
```
  5 4 6
- 2 3 5
```

④
```
  8 9 8
- 7 2 3
```

⑤
```
  9 5 4
- 2 3 1
```

⑥
```
  8 5 6
- 5 1 2
```

⑦
```
  7 7 7
- 3 5 2
```

⑧
```
  9 4 9
- 3 2 6
```

⑨
```
  8 3 6
- 4 1 4
```

⑩
```
  6 5 9
- 1 4 2
```

⑪
```
  7 6 9
- 4 4 7
```

⑫
```
  4 7 9
- 3 3 5
```

⑬
```
  3 7 8
- 2 4 1
```

⑭
```
  8 7 7
- 2 6 3
```

2けたのときと
同じしかたで
できたね！

今日もがんばったね！

答え ▶ 88ページ

14 くり下がりのない計算②

1 計算をしましょう。

1つ5点【50点】

①
$$
\begin{array}{r}
5\ 5\ 5 \\
-\ 4\ 2\ 1 \\
\hline
1\ 3\ 4
\end{array}
$$

②
$$
\begin{array}{r}
4\ 5\ 6 \\
-\ 2\ 4\ 5 \\
\hline
\end{array}
$$

③
$$
\begin{array}{r}
7\ 6\ 4 \\
-\ 2\ 3\ 2 \\
\hline
\end{array}
$$

④
$$
\begin{array}{r}
6\ 3\ 7 \\
-\ 3\ 2\ 5 \\
\hline
\end{array}
$$

⑤
$$
\begin{array}{r}
6\ 4\ 9 \\
-\ 1\ 2\ 7 \\
\hline
\end{array}
$$

⑥
$$
\begin{array}{r}
9\ 8\ 7 \\
-\ 6\ 5\ 4 \\
\hline
\end{array}
$$

⑦
$$
\begin{array}{r}
6\ 8\ 6 \\
-\ 4\ 2\ 4 \\
\hline
\end{array}
$$

⑧
$$
\begin{array}{r}
8\ 4\ 6 \\
-\ \ \ 3\ 2 \\
\hline
\end{array}
$$

⑨
$$
\begin{array}{r}
1\ 7\ 8 \\
-\ \ \ 2\ 7 \\
\hline
\end{array}
$$

⑩
$$
\begin{array}{r}
5\ 6\ 7 \\
-\ \ \ \ \ 3 \\
\hline
\end{array}
$$

ひき算の答えにひいた数を
たすと，ひかれた数になるよ。
答えをたしかめてみよう。

2 計算をしましょう。

①から⑥1つ3点，⑦から⑭1つ4点【50点】

①
```
  397
-  64
```

②
```
  853
- 121
```

③
```
  783
- 352
```

④
```
  468
-  55
```

⑤
```
  594
- 421
```

⑥
```
  847
- 516
```

⑦
```
  938
-   3
```

⑧
```
  885
-  72
```

⑨
```
  999
- 276
```

⑩
```
  572
- 231
```

⑪
```
  164
-  33
```

⑫
```
  486
- 232
```

⑬
```
  859
- 331
```

⑭
```
  279
-  43
```

同じ位どうしを計算した？

その調子，その調子！

答え ▶ 88ページ

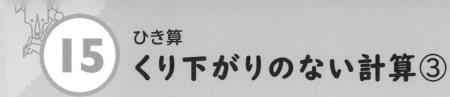

くり下がりのない計算③

月　日　10分

とく点

点

1 計算をしましょう。

1つ5点【50点】

①
```
    4 2 5
  − 4 0 1
      2 4
```
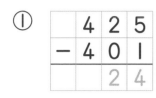
❶十の位の計算は
2−0＝2
❷百の位の計算は
4−4＝0
0は書かない。

②
```
    3 2 4
  − 1 2 3
```

③
```
    7 3 6
  − 4 0 4
```

④
```
    6 0 6
  − 2 0 3
```

⑤
```
    2 2 8
  − 2 1 8
```

⑥
```
    9 5 8
  −   5 4
```

⑦
```
    1 0 9
  − 1 0 3
```
1−1＝0
0−0＝0

十の位も百の位も
0は書かない。

⑧
```
    9 8 4
  − 5 0 2
```

⑨
```
    7 9 0
  −   8 0
```

⑩
```
    5 5 1
  − 1 2 1
```

百の位の計算で
0になったら，
0は書かないよ！

2 計算をしましょう。

①から⑥1つ3点，⑦から⑭1つ4点【50点】

①
```
  903
- 701
```

②
```
  628
- 610
```

③
```
  530
- 220
```

④
```
  187
- 117
```

⑤
```
  808
- 605
```

⑥
```
  438
- 132
```

⑦
```
  409
-   7
```

⑧
```
  293
-  93
```

⑨
```
  705
- 600
```

⑩
```
  549
- 542
```

⑪
```
  790
- 760
```

⑫
```
  207
- 103
```

⑬
```
  438
- 236
```

⑭
```
  954
- 724
```

アプリは使ってみたかな？

答え ▶ 89ページ

16 ひき算
1回くり下がる計算①

1 計算をしましょう。

1つ5点【50点】

①
```
    4
  6 5 4
- 1 2 7
  5 2 7
```

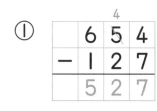

❶一の位の計算は,
　十の位から1くり下げて
　14−7=7
❷十の位の計算は
　4−2=2

②
```
  4 9 2
- 2 5 3
```

③
```
  8 7 6
- 3 1 8
```

④
```
  5 7 4
- 2 0 9
```

⑤
```
  9 3 1
- 8 2 5
```

⑥
```
  3 9 5
- 3 4 8
```

⑦
```
  6 7 0
- 6 1 2
```

⑧
```
  4 8 5
-   3 7
```

⑨
```
  8 6 0
-   2 9
```

⑩
```
  7 5 1
-   4 3
```

くり下がりが1回の
しかたは, 2けたの
筆算と同じだよ。

2 計算をしましょう。

①
$$\begin{array}{r} 874 \\ -136 \\ \hline \end{array}$$

②
$$\begin{array}{r} 521 \\ -309 \\ \hline \end{array}$$

③
$$\begin{array}{r} 653 \\ -25 \\ \hline \end{array}$$

④
$$\begin{array}{r} 436 \\ -319 \\ \hline \end{array}$$

⑤
$$\begin{array}{r} 340 \\ -123 \\ \hline \end{array}$$

⑥
$$\begin{array}{r} 572 \\ -67 \\ \hline \end{array}$$

⑦
$$\begin{array}{r} 683 \\ -656 \\ \hline \end{array}$$

⑧
$$\begin{array}{r} 965 \\ -329 \\ \hline \end{array}$$

⑨
$$\begin{array}{r} 494 \\ -385 \\ \hline \end{array}$$

⑩
$$\begin{array}{r} 760 \\ -6 \\ \hline \end{array}$$

⑪
$$\begin{array}{r} 853 \\ -214 \\ \hline \end{array}$$

⑫
$$\begin{array}{r} 632 \\ -628 \\ \hline \end{array}$$

⑬
$$\begin{array}{r} 587 \\ -509 \\ \hline \end{array}$$

⑭
$$\begin{array}{r} 460 \\ -135 \\ \hline \end{array}$$

1けたずつ
ていねいに
計算しよう。

おうえんしてるからね！

答え ▶ 89ページ

17 ひき算

1回くり下がる計算②

月　日　10分
とく点

点

1 計算をしましょう。

1つ5点【50点】

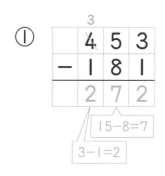

①
```
    3
  4 5 3
－ 1 8 1
  2 7 2
```
15－8＝7
3－1＝2

②
```
  7 3 9
－ 2 5 4
```

③
```
  5 1 6
－ 3 5 0
```

④
```
  8 6 7
－ 4 8 3
```

⑤
```
  3 0 7
－ 1 2 4
```

⑥
```
  9 0 8
－ 2 3 8
```

⑦
```
  5 7 5
－ 3 8 2
```

⑧
```
  6 2 5
－   9 3
```

⑨
```
  3 0 7
－   5 1
```

⑩
```
  7 4 6
－   7 3
```

くり下がりで
1ひいた数を
小さく書いておこうね。

2 計算をしましょう。

①
$$709 - 452$$

②
$$384 - 191$$

③
$$426 - 83$$

④
$$812 - 342$$

⑤
$$537 - 350$$

⑥
$$958 - 566$$

⑦
$$469 - 194$$

⑧
$$304 - 72$$

⑨
$$318 - 157$$

⑩
$$645 - 65$$

⑪
$$471 - 180$$

⑫
$$736 - 94$$

⑬
$$927 - 72$$

⑭
$$519 - 435$$

その調子，その調子！

答え ▶ 89ページ

1回くり下がる計算③

1 計算をしましょう。

1つ5点【50点】

①
```
  4 5 7
- 1 3 9
-------
  3 1 8
```

②
```
  5 9 2
- 2 5 8
-------
```

③
```
  7 6 1
- 2 0 3
-------
```

④
```
  3 5 0
- 2 4 7
-------
```

⑤
```
  8 5 2
- 8 0 6
-------
```

⑥
```
  9 5 3
- 8 6 3
-------
```

⑦
```
  9 3 6
-   8 4
-------
```

⑧
```
  5 3 7
- 4 4 2
-------
```

⑨
```
  7 1 5
- 2 5 3
-------
```

⑩
```
  3 0 6
-   6 6
-------
```

くり下がりのある計算に
なれたかな。
苦手な計算はくり返し
練習しよう。

2 計算をしましょう。

①から⑥1つ3点, ⑦から⑭1つ4点【50点】

① 519 − 135

② 786 − 438

③ 326 − 274

④ 584 − 167

⑤ 807 − 342

⑥ 837 − 408

⑦ 657 − 83

⑧ 394 − 356

⑨ 742 − 92

⑩ 642 − 214

⑪ 538 − 329

⑫ 427 − 65

⑬ 872 − 49

⑭ 405 − 321

くり下がりができたね!

ぐんぐん計算力がついているね。

答え ▶ 90ページ

19 ひき算
2回くり下がる計算①

1 計算をしましょう。

1つ5点【50点】

①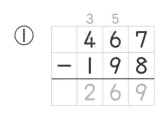

```
    3  5
    4̸ 6 7
  − 1 9 8
    2 6 9
```

❶一の位の計算は
　十の位から1くり下げて
　17−8＝9
❷十の位の計算は
　百の位から1くり下げて
　15−9＝6
❸百の位の計算は，3−1＝2

くり下がりが2回
あるよ！
1ひいた数を
書いておこうね。

②
```
    3 5 1
  − 1 7 4
```

③
```
    6 3 0
  − 2 7 3
```

④
```
    5 4 8
  − 2 6 9
```

⑤
```
    9 7 3
  − 4 8 5
```

⑥
```
    8 3 5
  − 3 4 9
```

⑦
```
    4 1 3
  − 1 5 6
```

⑧
```
    7 5 4
  − 3 8 5
```

⑨
```
    3 5 0
  −   9 2
```

⑩
```
    6 1 6
  −   7 8
```

2 計算をしましょう。

①
```
  873
- 596
```

②
```
  420
- 271
```

③
```
  534
-  86
```

④
```
  352
- 185
```

⑤
```
  613
- 359
```

⑥
```
  961
- 278
```

⑦
```
  670
-  72
```

⑧
```
  524
- 258
```

⑨
```
  732
- 476
```

⑩
```
  886
- 399
```

⑪
```
  413
-  35
```

⑫
```
  922
- 483
```

⑬
```
  430
- 248
```

⑭
```
  751
- 296
```

見直しした？

答え ▶ 90ページ

2回くり下がる計算②

1 計算をしましょう。

1つ5点【50点】

①
```
    9
  4 10
  5 0 4
－ 2 7 5
  2 2 9
```

❶一の位の計算では十の位から
　くり下げられないので百の位から
　十の位に|くり下げる。
❷次に十の位から|くり下げて，
　14－5＝9
❸十の位の計算は　9－7＝2
❹百の位の計算は　4－2＝2

②
```
  8 0 3
－ 3 5 6
```

③
```
  4 0 1
－ 3 2 8
```

④
```
  6 0 0
－ 2 4 7
```

⑤
```
  3 0 6
－ 1 0 9
```

⑥
```
  7 0 2
－ 6 0 4
```

⑦
```
  4 0 0
－ 2 1 7
```

⑧
```
  8 0 0
－ 7 0 8
```

⑨
```
  3 0 2
－　 8 5
```

⑩
```
  5 0 0
－　 6 9
```

十の位から
くり下げられない
ときは，百の位
からくり下げよう。

43

2 計算をしましょう。

①
```
  604
- 457
```

②
```
  905
- 309
```

③
```
  500
- 204
```

④
```
  801
-  46
```

⑤
```
  300
- 285
```

⑥
```
  702
- 508
```

⑦
```
  603
- 567
```

⑧
```
  400
-  26
```

⑨
```
  306
- 198
```

⑩
```
  900
- 803
```

⑪
```
  504
-  99
```

⑫
```
  700
- 125
```

⑬
```
  401
- 308
```

⑭
```
  903
-   6
```

百の位からくり下げるのに，なれた？

半分までできたよ。のこりもがんばろう。

答え ▶ 90ページ

44

21 ひき算
3回くり下がる計算

月　日　10分
とく点
点

1 計算をしましょう。

1つ5点【50点】

①
```
    9 9
  9 10 10
  1 0 0 0
-   3 2 5
  ─────────
    6 7 5
```

❶一の位の計算では
十の位，百の位から
くり下げられないので，
千の位からくり下げる。
❷百の位，十の位，……と
じゅん番に1くり下げる。

9−2=7
9−3=6
1−1=0（書かない）

②
```
  1 0 0 3
-   6 6 4
─────────
```

③
```
  1 0 0 5
-   4 5 7
─────────
```

④
```
  1 0 0 0
-   7 1 2
─────────
```

⑤
```
  1 0 0 2
-   8 7 4
─────────
```

⑥
```
  1 0 0 7
-   9 4 8
─────────
```

⑦
```
  1 0 0 8
-   6 8 9
─────────
```

⑧
```
  1 0 0 0
-     9 3
─────────
```

⑨
```
  1 0 0 4
-     3 6
─────────
```

⑩
```
  1 0 0 3
-       5
─────────
```

十の位，百の位の
くり下がりには
注意したかな？

45

2 計算をしましょう。

①
```
  1000
-  473
```

②
```
  1000
-  521
```

③
```
  1003
-  264
```

④
```
  1004
-  546
```

⑤
```
  1003
-  149
```

⑥
```
  1005
-  317
```

⑦
```
  1002
-  965
```

⑧
```
  1005
-  758
```

⑨
```
  1000
-  832
```

⑩
```
  1006
-  687
```

⑪
```
  1004
-    7
```

⑫
```
  1002
-  553
```

⑬
```
  1000
-   96
```

⑭
```
  1007
-  309
```

答え ▶ 90ページ

その調子, その調子！

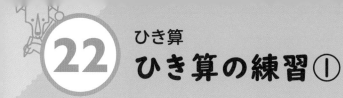

22 ひき算
ひき算の練習①

月　　日　　15分

とく点

点

---

1 計算をしましょう。

1つ3点【42点】

①
```
   5 8 9
-  4 7 3
```

②
```
   9 7 3
-  6 4 0
```

③
```
   6 7 1
-  4 5 3
```

④
```
   4 8 3
-    2 5
```

⑤
```
   4 2 8
-  1 5 3
```

⑥
```
   6 0 3
-  2 4 0
```

⑦
```
   9 2 1
-  4 8 5
```

⑧
```
   6 1 0
-  1 5 2
```

⑨
```
   8 6 1
-  3 8 7
```

⑩
```
   7 8 2
-    9 8
```

⑪
```
   5 6 2
-  3 6 7
```

⑫
```
   7 0 1
-  3 7 4
```

⑬
```
   1 0 0 0
-    7 5 2
```

⑭
```
   1 0 0 1
-    8 4 6
```

これまでのまとめだよ。
テストの気持ちで
集中して
取り組もう！

47

2 計算をしましょう。

①から⑩1つ3点，⑪・⑫1つ4点【38点】

①
$$\begin{array}{r} 846 \\ -312 \\ \hline \end{array}$$

②
$$\begin{array}{r} 475 \\ -159 \\ \hline \end{array}$$

③
$$\begin{array}{r} 920 \\ -7 \\ \hline \end{array}$$

④
$$\begin{array}{r} 807 \\ -641 \\ \hline \end{array}$$

⑤
$$\begin{array}{r} 749 \\ -383 \\ \hline \end{array}$$

⑥
$$\begin{array}{r} 743 \\ -295 \\ \hline \end{array}$$

⑦
$$\begin{array}{r} 925 \\ -857 \\ \hline \end{array}$$

⑧
$$\begin{array}{r} 507 \\ -248 \\ \hline \end{array}$$

⑨
$$\begin{array}{r} 732 \\ -335 \\ \hline \end{array}$$

⑩
$$\begin{array}{r} 800 \\ -293 \\ \hline \end{array}$$

⑪
$$\begin{array}{r} 1000 \\ -319 \\ \hline \end{array}$$

⑫
$$\begin{array}{r} 1002 \\ -43 \\ \hline \end{array}$$

3 次の計算を，□の中に筆算でしましょう。

1つ5点【20点】

① $658 - 233$

② $760 - 555$

③ $839 - 56$

④ $543 - 164$

 今日もがんばったね！

答え ▶ 91ページ

ひき算

ひき算の練習②

1 計算をしましょう。

1つ3点【42点】

①
```
  6 2 8
− 2 6 4
```

②
```
  9 4 7
− 6 6 1
```

③
```
  5 8 6
−   7 2
```

④
```
  4 2 4
− 2 1 5
```

⑤
```
  3 0 6
−   8 3
```

⑥
```
1 0 0 0
−   5 5 5
```

⑦
```
  3 9 7
− 3 0 3
```

⑧
```
  7 3 1
−     7
```

⑨
```
  5 1 4
−   6 3
```

⑩
```
  8 0 2
− 7 0 3
```

⑪
```
1 0 0 4
−     7 9
```

⑫
```
  9 3 4
−   5 8
```

⑬
```
  7 0 0
− 5 2 3
```

⑭
```
  9 3 5
− 8 5 7
```

くり下がりが3回ある計算は、注意しよう。

2 計算をしましょう。

①
```
  657
- 631
```

②
```
  900
- 237
```

③
```
  524
-  81
```

④
```
  584
- 178
```

⑤
```
  727
- 342
```

⑥
```
  372
-  58
```

⑦
```
  909
- 889
```

⑧
```
  472
- 416
```

⑨
```
  493
- 287
```

⑩
```
  401
- 207
```

⑪
```
  1005
-   18
```

⑫
```
  1000
-  803
```

3 次の計算を，□の中に筆算でしましょう。

① 457－163

② 600－506

③ 1002－379

④ 741－295

ひき算のしかたがわかったかな。

答え ▶ 91ページ

暗算

1 暗算で計算しましょう。　　　　　　　　　　　　　1つ3点【21点】

① $24 + 13 =$ 　37

20　4　10　3

20＋10＝30
4＋　3＝　7
だから，30＋　7＝37

自分の計算しやすい
しかたでいいんだよ。

② $45 + 30 =$ 　　　　③ $15 + 42 =$

④ $26 + 18 =$ 　　　　⑤ $59 + 22 =$

⑥ $78 + 16 =$ 　　　　⑦ $13 + 67 =$

2 暗算で計算しましょう。　　　　　　　　　　　　　1つ3点【21点】

① $56 - 24 =$ 　32

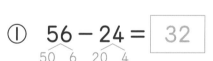

50　6　20　4

50－20＝30
6－　4＝　2
だから，30＋　2＝32

② $78 - 31 =$

③ $87 - 63 =$

④ $98 - 48 =$ 　　　　⑤ $64 - 25 =$

⑥ $70 - 63 =$ 　　　　⑦ $100 - 26 =$

3 暗算で計算しましょう。 ①から③1つ3点，④から⑧1つ4点【29点】

① 32＋23

② 49＋15

③ 54＋27

④ 20＋41

⑤ 17＋36

⑥ 46＋19

⑦ 46＋44

⑧ 59＋38

4 暗算で計算しましょう。 ①から③1つ3点，④から⑧1つ4点【29点】

① 79－21

② 45－27

③ 68－39

④ 50－18

⑤ 80－54

⑥ 93－26

⑦ 100－91

⑧ 100－67

よくがんばったね！ 次はパズルだよ。

答え ▶ 91ページ

［計算ラリー］

1 流しそうめんの上からじゅん番に計算をして，ゴールをめざそう。計算の答えの一の位の数字を，次の式の□に入れてから計算をするよ。ぶじにゴールできるかな。

スタート

① 399 − 120

② □55 − 322

③ □28 − 170

④ □16 − 302

⑤ □41 − 34

⑥ □28 − 513

⑦ □76 − 422

⑧ □31 − 169

⑨ □37 − 128

ゴール

2 地面の中にある計算をして、ゴールをめざそう。計算の答えの一の位の数字を、次の式の□に入れてから計算をするよ。ぶじにゴールできるかな。

スタート

①
$$589 - 152$$

②
$$\square 54 - 628$$

③
$$\square 39 - 120$$

⑤
$$\square 97 - 110$$

④
$$\square 01 - 808$$

⑥
$$\square 40 - 464$$

⑧
$$\square 68 - 171$$

⑨
$$\square 43 - 632$$

⑦
$$\square 68 - 150$$

ゴール

答え ▶ 92ページ

1 計算をしましょう。

1つ5点【50点】

①
```
  3 4 5 8
+ 1 2 7 6
  4 7 3 4
```
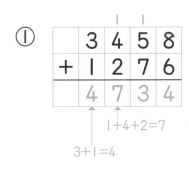

❶一の位の計算は
8+6=14 なので,
十の位に1くり上げる。

❷十の位の計算は
1+5+7=13 なので,
百の位に1くり上げる。

②
```
  3 0 4 3
+ 3 1 2 5
```

③
```
  1 7 2 9
+ 4 1 5 7
```

④
```
  5 2 7 1
+ 2 3 7 3
```

⑤
```
  3 8 1 2
+ 4 3 1 6
```

⑥
```
  3 4 5 8
+ 1 3 9 6
```

⑦
```
  2 6 8 4
+ 4 5 1 7
```

⑧
```
  6 9 7 3
+ 1 9 3 4
```

⑨
```
  7 9 6 5
+   1 8 7
```

⑩
```
  2 3 9 5
+ 6 6 0 5
```

4けたになっても
一の位からじゅんに
計算していくよ。

2 計算をしましょう。

①
$$5428 + 1261$$

②
$$3634 + 2185$$

③
$$4567 + 1328$$

④
$$4258 + 742$$

⑤
$$1813 + 1541$$

⑥
$$3815 + 3966$$

⑦
$$3064 + 4974$$

⑧
$$1769 + 3857$$

⑨
$$1254 + 5459$$

⑩
$$379 + 5628$$

⑪
$$4192 + 4808$$

⑫
$$1769 + 7562$$

⑬
$$8458 + 76$$

⑭
$$2490 + 3768$$

毎日，決まった時こくに勉強できるといいね。

おうえんしてるからね！

答え ▶ 92ページ

27 4けたの数のたし算の練習

月　日　15分

とく点　　　点

1 計算をしましょう。

1つ3点【42点】

①
```
   2510
+  1887
```

②
```
   7051
+  2324
```

③
```
   3289
+  3462
```

④
```
   3746
+  2938
```

⑤
```
    806
+  7236
```

⑥
```
   1936
+  4084
```

⑦
```
   3259
+  5873
```

⑧
```
   1407
+  6905
```

⑨
```
   4591
+  2698
```

⑩
```
   3268
+  2358
```

⑪
```
   5839
+    66
```

⑫
```
   3285
+  4715
```

⑬
```
   3785
+   250
```

⑭
```
   7021
+  2953
```

これまでのまとめだよ。
テストの気持ちで
集中して取り組もう!

2 計算をしましょう。　　　　　　　　　　　　　1つ4点【48点】

① 　5758
　　+ 163

② 　4348
　　+2416

③ 　5412
　　+3087

④ 　1679
　　+2171

⑤ 　7908
　　+　99

⑥ 　　506
　　+3789

⑦ 　1497
　　+3864

⑧ 　3481
　　+1626

⑨ 　1243
　　+7757

⑩ 　2695
　　+4132

⑪ 　3837
　　+5423

⑫ 　4582
　　+3474

3 次の計算を，□の中に筆算でしましょう。　　　1つ5点【10点】

① 5573＋289

② 1987＋6438

今日もがんばったね！

答え ▶ 92ページ

4けたの数のひき算

1 計算をしましょう。

1つ5点【50点】

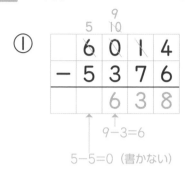

①
```
    9
  5 10
  6 0 1 4
- 5 3 7 6
    6 3 8
```

❶一の位の計算は
　十の位から1くり下げて
　14−6＝8

❷十の位の計算は, 百の位か
　らくり下げられないので,
　千の位から1くり下げて
　10−7＝3

9−3＝6

5−5＝0（書かない）

②
```
  7 9 6 5
- 6 4 1 2
```

③
```
  6 8 5 0
- 3 3 1 2
```

④
```
  9 4 3 2
- 2 1 5 2
```

⑤
```
  3 5 6 8
- 1 7 4 7
```

⑥
```
  7 5 7 2
- 3 4 9 6
```

⑦
```
  5 1 6 4
- 3 6 2 9
```

⑧
```
  4 0 0 1
- 1 6 7 3
```

⑨
```
  2 3 5 4
-   7 9 4
```

⑩
```
  3 0 2 9
-     5 3
```

たし算と同じように,
一の位からじゅんに
計算しよう。

59

2 計算をしましょう。

①
```
  9762
- 2641
```

②
```
  4735
- 2292
```

③
```
  5173
- 3418
```

④
```
  6174
- 5824
```

⑤
```
  7733
- 4862
```

⑥
```
  7491
- 3012
```

⑦
```
  3439
- 1135
```

⑧
```
  5848
- 3649
```

⑨
```
  8211
- 6523
```

⑩
```
  1064
-   97
```

⑪
```
  7000
- 3478
```

⑫
```
  1830
- 1276
```

⑬
```
  5204
- 1650
```

⑭
```
  2782
-  978
```

1けたずつ
ていねいに
計算しよう。

暗い場所で勉強しないように気をつけてね。

答え ▶ 92ページ

29 4けたの数のひき算の 練習

1 計算をしましょう。

1つ3点【42点】

①
```
  5 9 2 8
− 2 7 3 5
```

②
```
  4 7 6 0
− 3 2 5 7
```

③
```
  6 0 5 0
− 2 9 3 2
```

④
```
  3 9 8 0
− 2 1 7 0
```

⑤
```
  7 5 2 1
− 5 7 5 3
```

⑥
```
  9 2 1 7
− 3 2 6 2
```

⑦
```
  4 0 0 5
− 3 1 8 7
```

⑧
```
  8 4 3 5
− 2 8 6 9
```

⑨
```
  8 2 6 8
− 3 6 7 1
```

⑩
```
  7 8 3 5
− 1 4 7 6
```

⑪
```
  7 6 8 5
− 4 1 9 8
```

⑫
```
  2 1 3 2
−     4 8
```

⑬
```
  5 2 5 1
− 1 4 5 7
```

⑭
```
  8 0 1 4
−   9 5 7
```

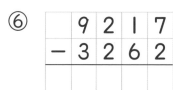

4けたの数の筆算が
できれば、何けたの
数でもできるね！

2 計算をしましょう。

①
```
  7198
- 5224
```

②
```
  1897
- 1603
```

③
```
  6000
- 5942
```

④
```
  5465
- 1829
```

⑤
```
  9100
- 6108
```

⑥
```
  7624
- 2390
```

⑦
```
  3572
-  486
```

⑧
```
  8771
- 8624
```

⑨
```
  9001
-   35
```

⑩
```
  5239
- 3874
```

⑪
```
  7113
- 2617
```

⑫
```
  6453
- 2687
```

3 次の計算を，□の中に筆算でしましょう。

① 3475−716

② 8000−6942

その調子，その調子！

30 小数のたし算①

月　　日

10分

とく点

点

1 計算をしましょう。

1つ3点【24点】

① $0.6 + 0.2 = \boxed{0.8}$

0.1が(6+2)で8こだから0.8

② $0.3 + 0.7 = \boxed{1}$

0.1が(3+7)で10こ, 0.1が10こで1

③ $0.1 + 0.4 = \boxed{}$

④ $0.5 + 0.3 = \boxed{}$

⑤ $0.4 + 0.4 = \boxed{}$

⑥ $0.7 + 0.2 = \boxed{}$

⑦ $0.1 + 0.9 = \boxed{}$

小数のたし算は,
0.1の何こ分かを
考えて計算しようね。

⑧ $0.8 + 0.2 = \boxed{}$

2 計算をしましょう。

1つ3点【24点】

① $0.5 + 0.7 = \boxed{1.2}$

0.1が(5+7)で12こだから1.2

② $0.4 + 1.2 = \boxed{1.6}$

0.1が(4+12)で16こだから1.6

③ $0.4 + 0.8 = \boxed{}$

④ $0.9 + 0.6 = \boxed{}$

⑤ $0.5 + 1.9 = \boxed{}$

⑥ $2.6 + 0.3 = \boxed{}$

⑦ $2 + 0.3 = \boxed{}$

⑧ $2.3 + 0.7 = \boxed{}$

63

3 計算をしましょう。

①から⑫1つ3点，⑬から⑯1つ4点【52点】

① $0.3 + 0.3$

② $0.5 + 0.5$

③ $0.6 + 0.7$

④ $0.8 + 0.1$

⑤ $0.2 + 1.2$

⑥ $1 + 0.4$

⑦ $0.5 + 0.6$

⑧ $0.3 + 1$

⑨ $2.8 + 0.2$

⑩ $0.6 + 0.3$

⑪ $0.4 + 0.6$

⑫ $0.5 + 2.1$

⑬ $0.8 + 0.9$

⑭ $2 + 0.9$

⑮ $2.4 + 0.3$

⑯ $1.6 + 0.4$

おうえんしてるからね！

答え ▶ 93ページ

小数のたし算②

月　日　10分

とく点

点

1 計算をしましょう。

1つ4点【36点】

①
```
   1.3
+  2.5
―――
   3.8
```

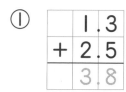

●位をそろえて書く。
●整数のたし算と同じように
　計算する。
●上の小数点にそろえて，答えの
　小数点をうつ。

整数の筆算と同じように
計算しよう。小数点を
わすれないように
しようね！

②
```
   2.7
+  1.2
―――
```

③
```
   3.4
+  2.3
―――
```

④
```
   0.6
+  2.6
―――
```

⑤
```
   1.4
+  2.6
―――
   4.0
```

・答えの4.0は4と等しい大きさ
　なので，0をななめの線で消す。
・小数点は，ななめの線で消して
　も消さなくてもよい。

⑥
```
   3.5
+  1.5
―――
```

⑦
```
   6
+ 1.7
―――
```
←6は6.0と
考えて計算
する。

⑧
```
   4.6
+ 3
―――
```

⑨
```
   5.8
+ 4.2
―――
```

①
$$\begin{array}{r} 1.8 \\ + 0.2 \\ \hline \end{array}$$

②
$$\begin{array}{r} 3.4 \\ + 2.3 \\ \hline \end{array}$$

③
$$\begin{array}{r} 1.4 \\ + 3.2 \\ \hline \end{array}$$

④
$$\begin{array}{r} 3.1 \\ + 0.9 \\ \hline \end{array}$$

⑤
$$\begin{array}{r} 1 \\ + 3.1 \\ \hline \end{array}$$

⑥
$$\begin{array}{r} 4.2 \\ + 2 \\ \hline \end{array}$$

⑦
$$\begin{array}{r} 0.7 \\ + 6.8 \\ \hline \end{array}$$

⑧
$$\begin{array}{r} 1.2 \\ + 4.6 \\ \hline \end{array}$$

⑨
$$\begin{array}{r} 6 \\ + 2.7 \\ \hline \end{array}$$

⑩
$$\begin{array}{r} 3.8 \\ + 6.2 \\ \hline \end{array}$$

⑪
$$\begin{array}{r} 2.3 \\ + 4 \\ \hline \end{array}$$

⑫
$$\begin{array}{r} 5.9 \\ + 2.4 \\ \hline \end{array}$$

⑬
$$\begin{array}{r} 3.2 \\ + 4.9 \\ \hline \end{array}$$

⑭
$$\begin{array}{r} 4.5 \\ + 5.6 \\ \hline \end{array}$$

⑮
$$\begin{array}{r} 9.7 \\ + 2.3 \\ \hline \end{array}$$

よくできたね！

答え ▶ 93ページ

32 小数のひき算①

月　日　10分
とく点
点

1 計算をしましょう。 1つ3点【24点】

① $0.8 - 0.2 =$ 0.6

0.1が(8−2)で0.6

② $1 - 0.6 =$ 0.4

0.1が(10−6)で0.4

③ $0.9 - 0.3 =$

④ $0.6 - 0.5 =$

⑤ $0.7 - 0.4 =$

⑥ $1.4 - 0.3 =$

⑦ $1 - 0.9 =$

⑧ $1 - 0.4 =$

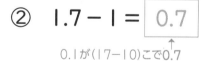
小数のたし算のように，0.1の何こ分かで考えよう。

2 計算をしましょう。 1つ3点【24点】

① $1.2 - 0.7 =$ 0.5

0.1が(12−7)で0.5

② $1.7 - 1 =$ 0.7

0.1が(17−10)で0.7

③ $1.4 - 0.5 =$

④ $1.1 - 0.6 =$

⑤ $2.6 - 0.8 =$

⑥ $2.8 - 1.5 =$

⑦ $1.8 - 1 =$

⑧ $2.4 - 2 =$

3 計算をしましょう。

①から⑫1つ3点，⑬から⑯1つ4点【52点】

① $0.9 - 0.5$

② $1 - 0.8$

③ $1.4 - 1$

④ $1.8 - 0.4$

⑤ $1 - 0.3$

⑥ $0.7 - 0.3$

⑦ $1.2 - 0.1$

⑧ $1 - 0.7$

⑨ $1.7 - 0.9$

⑩ $1.4 - 0.8$

⑪ $0.8 - 0.6$

⑫ $3.5 - 3$

⑬ $2.3 - 0.6$

⑭ $2.2 - 2$

⑮ $2.6 - 1.4$

⑯ $3.5 - 0.8$

答え ▶ 94ページ

その調子，その調子！

小数のひき算②

1　計算をしましょう。

1つ4点【40点】

①

```
    3
    4.1
 −  3.5
    0.6
```
0を書きたす。

❶位をそろえて書く。
❷整数のひき算と同じように
　計算する。
❸上の小数点にそろえて答えの
　小数点をうつ。

②
```
    4.7
 −  4.2
```

③
```
    7.8
 −  5.6
```

④
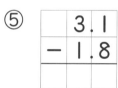
```
    5
    6.0
 −  1.7
    4.3
```
←6は6.0と
　考えて計算
　する。

⑤
```
    3.1
 −  1.8
```

⑥
```
    3.8
 −  1.8
    2.0
```

・答えの2.0は2と等しい大きさ
　なので，0をななめの線で消す。
・小数点は，ななめの線で消して
　も消さなくてもよい。

⑦
```
    5.4
 −  2.4
```

⑧
```
   11.6
 −  8.7
```

⑨
```
    9
 −  2.5
```

⑩
```
    6.1
 −  3
```

2 計算をしましょう。

①
```
   3.6
 - 3.2
```

②
```
   5.8
 - 3.8
```

小数点のうちわすれに
注意しよう。

③
```
   9.4
 - 5.7
```

④
```
   4
 - 0.5
```

⑤
```
   7.8
 - 2.4
```

⑥
```
   6.1
 - 2
```

⑦
```
   2.9
 - 0.3
```

⑧
```
   8
 - 7.6
```

⑨
```
   4.6
 - 4
```

⑩
```
   5.2
 - 4.9
```

⑪
```
   7.3
 - 6.3
```

⑫
```
   10
 -  7.2
```

⑬
```
   11.5
 -  6.8
```

⑭
```
   6.4
 - 0.4
```

見直しした？

答え ▶ 94ページ

34 小数のたし算とひき算の練習①

月　日

15分

とく点

点

---

1 計算をしましょう。

1つ3点【48点】

① $0.2 + 0.7 =$

② $0.6 + 0.4 =$

③ $0.9 - 0.3 =$

④ $0.8 - 0.5 =$

⑤ $0.3 + 0.7 =$

⑥ $0.8 + 0.8 =$

⑦ $1 - 0.2 =$

⑧ $1.3 - 0.4 =$

⑨ $0.9 + 0.5 =$

⑩ $1.1 + 0.4 =$

⑪ $2.5 - 0.7 =$

⑫ $2.7 - 2 =$

⑬ $0.9 + 5 =$

⑭ $3.7 + 0.3 =$

⑮ $2.6 - 0.3 =$

⑯ $4.3 - 4 =$

これまでのまとめだよ。
テストの気持ちで
集中して取り組もう！

2 計算をしましょう。

①から⑫1つ3点，⑬から⑯1つ4点【52点】

① $0.7 - 0.3$

② $0.2 + 0.5$

③ $0.9 + 0.8$

④ $3 - 0.3$

⑤ $1.8 - 0.9$

⑥ $1 + 0.9$

⑦ $1.5 + 0.5$

⑧ $0.9 - 0.7$

⑨ $4.5 - 4.3$

⑩ $0.8 + 0.2$

⑪ $0.7 + 0.7$

⑫ $2.1 - 0.7$

⑬ $0.4 + 2$

⑭ $6.2 - 6$

⑮ $3.2 - 0.6$

⑯ $4.1 + 0.9$

その調子，その調子！

答え ▶ 94ページ

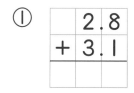

35 小数のたし算と ひき算の練習②

月　日

とく点

点

1　計算をしましょう。

1つ3点【42点】

①
```
  2.8
+ 3.1
```

②
```
  4.3
+ 0.4
```

③
```
  1.5
+ 6.9
```

④
```
  6.7
- 4.3
```

⑤
```
  2.8
- 2.4
```

⑥
```
  8.6
- 7.9
```

⑦
```
  4.7
+ 8.5
```

⑧
```
  2.5
+ 4.5
```

⑨
```
  5
+ 2.1
```

⑩
```
  9.3
- 2.3
```

⑪
```
  7
- 3.8
```

⑫
```
  9
- 8.5
```

⑬
```
  8.7
+ 1.3
```

⑭
```
  4.6
- 3
```

小数点のうちわすれは
ない?

73

2 計算をしましょう。

①
```
  0.6
+ 5.2
```

②
```
  4.6
- 1.6
```

③
```
   2
+ 3.7
```

④
```
  5.9
- 2.7
```

⑤
```
  9.6
+ 7
```

⑥
```
  3.4
+ 4.5
```

⑦
```
  6.3
- 5.2
```

⑧
```
   3
- 2.3
```

⑨
```
  2.9
+ 6.9
```

⑩
```
  9.3
- 0.8
```

⑪
```
  0.9
+ 7.1
```

⑫
```
 17.5
-  7.5
```

⑬
```
  5.2
+ 4.8
```

⑭
```
  8.4
- 7.7
```

⑮
```
 10.1
-  1.4
```

⑯
```
 10
+  7.1
```

⑰
```
   7.4
+ 11.8
```

⑱
```
 10
-  6.7
```

位をそろえて
きれいに
書こう。

小数の計算はばっちりだね。

答え ▶ 95ページ

分数のたし算

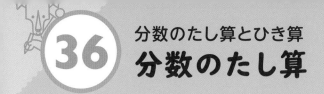

月　日　**10**分

とく点

点

1 計算をしましょう。　　　　　　　　　　　1つ4点【20点】

① $\dfrac{2}{5} + \dfrac{1}{5} = \dfrac{\boxed{3}}{5}$ ←2+1

$\dfrac{1}{5}$ が(2+1)こで$\dfrac{3}{5}$

② $\dfrac{1}{4} + \dfrac{2}{4} = \dfrac{\boxed{}}{4}$

③ $\dfrac{2}{7} + \dfrac{3}{7} = \dfrac{\boxed{}}{7}$

④ $\dfrac{5}{9} + \dfrac{2}{9} = \dfrac{\boxed{}}{9}$

⑤ $\dfrac{3}{10} + \dfrac{4}{10} = \dfrac{\boxed{}}{10}$

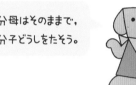

分母はそのままで，
分子どうしをたそう。

2 計算をしましょう。　　　　　　　　　　　1つ5点【20点】

① $\dfrac{1}{3} + \dfrac{2}{3} = \dfrac{\boxed{3}}{3} = \boxed{1}$ ←2+1

分母と分子が等しいとき，
分数は1となる。

② $\dfrac{2}{4} + \dfrac{2}{4} = \dfrac{\boxed{}}{4} = \boxed{}$

③ $\dfrac{5}{8} + \dfrac{3}{8} = \dfrac{\boxed{}}{8} = \boxed{}$

④ $\dfrac{4}{9} + \dfrac{5}{9} = \dfrac{\boxed{}}{9} = \boxed{}$

3 計算をしましょう。

①から⑤1つ4点，⑥から⑬1つ5点【60点】

① $\dfrac{1}{5} + \dfrac{3}{5}$

② $\dfrac{3}{8} + \dfrac{3}{8}$

③ $\dfrac{2}{7} + \dfrac{4}{7}$

④ $\dfrac{4}{9} + \dfrac{1}{9}$

⑤ $\dfrac{1}{6} + \dfrac{4}{6}$

⑥ $\dfrac{1}{10} + \dfrac{6}{10}$

⑦ $\dfrac{2}{3} + \dfrac{1}{3}$

⑧ $\dfrac{7}{10} + \dfrac{1}{10}$

⑨ $\dfrac{3}{6} + \dfrac{3}{6}$

⑩ $\dfrac{1}{7} + \dfrac{4}{7}$

⑪ $\dfrac{4}{9} + \dfrac{2}{9}$

⑫ $\dfrac{3}{10} + \dfrac{6}{10}$

⑬ $\dfrac{5}{7} + \dfrac{2}{7}$

よくできたね！

答え ▶ 95ページ

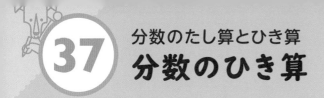

分数のひき算

1 計算をしましょう。　　　　　　　　　　　　　　　1つ4点【20点】

① $\dfrac{4}{5} - \dfrac{2}{5} = \dfrac{\boxed{2}}{5}$ ←4-2

　　$\dfrac{1}{5}$ が (4−2) こで $\dfrac{2}{5}$

② $\dfrac{5}{7} - \dfrac{2}{7} = \dfrac{\Box}{7}$

③ $\dfrac{3}{6} - \dfrac{1}{6} = \dfrac{\Box}{6}$

④ $\dfrac{7}{8} - \dfrac{3}{8} = \dfrac{\Box}{8}$

⑤ $\dfrac{9}{10} - \dfrac{7}{10} = \dfrac{\Box}{10}$

分母はそのままで,
分子どうしをひこう。

2 計算をしましょう。　　　　　　　　　　　　　　　1つ4点【20点】

① $1 - \dfrac{1}{4} = \dfrac{\boxed{4}}{4} - \dfrac{1}{4} = \dfrac{\boxed{3}}{4}$ ←4-1

　　1を分母が4の分数にすると $\dfrac{4}{4}$

② $1 - \dfrac{2}{5} = \dfrac{\Box}{5} - \dfrac{2}{5} = \dfrac{\Box}{5}$

③ $1 - \dfrac{5}{8} = \dfrac{\Box}{8} - \dfrac{5}{8} = \dfrac{\Box}{8}$

④ $1 - \dfrac{6}{7} = \dfrac{\Box}{7} - \dfrac{6}{7} = \dfrac{\Box}{7}$

⑤ $1 - \dfrac{3}{6} = \dfrac{\Box}{6} - \dfrac{3}{6} = \dfrac{\Box}{6}$

3 計算をしましょう。

①から⑤1つ4点，⑥から⑬1つ5点【60点】

① $\dfrac{2}{3} - \dfrac{1}{3}$

② $\dfrac{5}{8} - \dfrac{1}{8}$

③ $\dfrac{6}{7} - \dfrac{1}{7}$

④ $\dfrac{7}{9} - \dfrac{5}{9}$

⑤ $\dfrac{3}{5} - \dfrac{1}{5}$

⑥ $1 - \dfrac{3}{5}$

⑦ $\dfrac{7}{10} - \dfrac{3}{10}$

⑧ $\dfrac{5}{6} - \dfrac{1}{6}$

⑨ $1 - \dfrac{2}{7}$

⑩ $\dfrac{7}{9} - \dfrac{4}{9}$

⑪ $\dfrac{6}{7} - \dfrac{2}{7}$

⑫ $1 - \dfrac{6}{9}$

⑬ $1 - \dfrac{3}{10}$

見直した？

答え ▶ 95ページ

38 分数のたし算とひき算の練習①

月　　日　　15分

とく点

点

1 計算をしましょう。

1つ3点【42点】

① $\dfrac{2}{5} + \dfrac{1}{5} = \dfrac{\boxed{}}{5}$

② $\dfrac{4}{8} + \dfrac{4}{8} = \dfrac{\boxed{}}{8} = \boxed{}$

③ $\dfrac{2}{3} - \dfrac{1}{3} = \dfrac{\boxed{}}{3}$

④ $\dfrac{4}{5} - \dfrac{1}{5} = \dfrac{\boxed{}}{5}$

⑤ $\dfrac{3}{7} + \dfrac{1}{7} = \dfrac{\boxed{}}{7}$

⑥ $\dfrac{1}{10} + \dfrac{6}{10} = \dfrac{\boxed{}}{10}$

⑦ $\dfrac{6}{7} - \dfrac{3}{7} = \dfrac{\boxed{}}{7}$

⑧ $1 - \dfrac{4}{6} = \dfrac{\boxed{}}{6} - \dfrac{4}{6} = \dfrac{\boxed{}}{6}$

⑨ $\dfrac{1}{6} + \dfrac{3}{6} = \dfrac{\boxed{}}{6}$

⑩ $\dfrac{2}{9} + \dfrac{5}{9} = \dfrac{\boxed{}}{9}$

⑪ $\dfrac{5}{8} - \dfrac{2}{8} = \dfrac{\boxed{}}{8}$

⑫ $\dfrac{6}{10} - \dfrac{5}{10} = \dfrac{\boxed{}}{10}$

⑬ $\dfrac{2}{6} + \dfrac{4}{6} = \dfrac{\boxed{}}{6} = \boxed{}$

⑭ $1 - \dfrac{4}{9} = \dfrac{\boxed{}}{9} - \dfrac{4}{9} = \dfrac{\boxed{}}{9}$

これまでのまとめだよ。
テストの気持ちで
集中して
取り組もう！

2 計算をしましょう。

①から⑩1つ3点，⑪から⑰1つ4点【58点】

① $\dfrac{5}{8} + \dfrac{1}{8}$

② $\dfrac{5}{6} - \dfrac{2}{6}$

③ $\dfrac{3}{7} + \dfrac{4}{7}$

④ $\dfrac{8}{9} - \dfrac{4}{9}$

⑤ $\dfrac{5}{10} + \dfrac{2}{10}$

⑥ $1 - \dfrac{1}{6}$

⑦ $\dfrac{2}{5} + \dfrac{2}{5}$

⑧ $\dfrac{4}{5} - \dfrac{2}{5}$

⑨ $\dfrac{5}{6} + \dfrac{1}{6}$

⑩ $1 - \dfrac{7}{9}$

⑪ $\dfrac{5}{7} + \dfrac{1}{7}$

⑫ $\dfrac{8}{10} - \dfrac{5}{10}$

⑬ $\dfrac{4}{9} + \dfrac{5}{9}$

⑭ $\dfrac{7}{8} - \dfrac{5}{8}$

⑮ $\dfrac{1}{6} + \dfrac{2}{6}$

⑯ $1 - \dfrac{9}{10}$

⑰ $\dfrac{3}{10} + \dfrac{7}{10}$

おうえんしてるからね！

答え ▶ 96ページ

39 分数のたし算とひき算の練習②

1 計算をしましょう。

1つ3点【42点】

① $\dfrac{1}{6} + \dfrac{3}{6} = \dfrac{\boxed{}}{6}$

② $\dfrac{3}{7} + \dfrac{3}{7} = \dfrac{\boxed{}}{7}$

③ $\dfrac{3}{5} - \dfrac{1}{5} = \dfrac{\boxed{}}{5}$

④ $\dfrac{3}{10} + \dfrac{4}{10} = \dfrac{\boxed{}}{10}$

⑤ $\dfrac{6}{9} + \dfrac{2}{9} = \dfrac{\boxed{}}{9}$

⑥ $1 - \dfrac{2}{6} = \dfrac{\boxed{}}{6} - \dfrac{2}{6} = \dfrac{\boxed{}}{6}$

⑦ $\dfrac{1}{8} + \dfrac{7}{8} = \dfrac{\boxed{}}{8} = \boxed{}$

⑧ $\dfrac{8}{10} - \dfrac{6}{10} = \dfrac{\boxed{}}{10}$

⑨ $\dfrac{5}{9} - \dfrac{1}{9} = \dfrac{\boxed{}}{9}$

⑩ $\dfrac{9}{10} + \dfrac{1}{10} = \dfrac{\boxed{}}{10} = \boxed{}$

⑪ $1 - \dfrac{4}{7} = \dfrac{\boxed{}}{7} - \dfrac{4}{7} = \dfrac{\boxed{}}{7}$

⑫ $\dfrac{7}{8} - \dfrac{4}{8} = \dfrac{\boxed{}}{8}$

⑬ $1 - \dfrac{5}{9} = \dfrac{\boxed{}}{9} - \dfrac{5}{9} = \dfrac{\boxed{}}{9}$

⑭ $\dfrac{2}{10} + \dfrac{7}{10} = \dfrac{\boxed{}}{10}$

分母と分子が等しい
分数は，1にするん
だったね。

2 計算をしましょう。

① $\dfrac{6}{7} - \dfrac{3}{7}$

② $\dfrac{3}{7} + \dfrac{2}{7}$

③ $\dfrac{2}{5} + \dfrac{2}{5}$

④ $\dfrac{7}{8} - \dfrac{5}{8}$

⑤ $\dfrac{6}{8} + \dfrac{2}{8}$

⑥ $1 - \dfrac{1}{7}$

⑦ $\dfrac{4}{5} - \dfrac{2}{5}$

⑧ $\dfrac{5}{8} + \dfrac{2}{8}$

⑨ $\dfrac{5}{6} - \dfrac{4}{6}$

⑩ $\dfrac{4}{9} + \dfrac{3}{9}$

⑪ $\dfrac{2}{4} + \dfrac{2}{4}$

⑫ $\dfrac{5}{8} - \dfrac{1}{8}$

⑬ $1 - \dfrac{7}{9}$

⑭ $\dfrac{3}{6} + \dfrac{2}{6}$

⑮ $\dfrac{7}{10} - \dfrac{4}{10}$

⑯ $1 - \dfrac{6}{10}$

⑰ $\dfrac{6}{10} + \dfrac{2}{10}$

分数のたし算とひき算ができるようになったね。
さい後はまとめテストだよ！

答え ▶ 96ページ

40 まとめテスト

月　日　15分

とく点

点

---

1 計算をしましょう。　　　　　　　　　　　　　　1つ4点【40点】

①
```
   2 4 2
 + 5 8 6
```

②
```
   9 4 7
 - 9 2 1
```

③
```
   3 6 9
 -   8 7
```

④
```
   6 8 9
 + 7 3 4
```

⑤
```
   1 0 0 0
 -   5 9 3
```

⑥
```
   4 3 6
 + 1 6 8
```

⑦
```
   7 5 3
 +   8 9
```

⑧
```
   6 3 1
 - 3 4 2
```

⑨
```
   9 2 3 0
 - 8 6 9 5
```

⑩
```
   4 7 9 2
 + 3 4 0 9
```

---

2 計算をしましょう。　　　　　　　　　　　　　　1つ3点【12点】

① 0.8 ＋ 0.2

② 1 － 0.3

③ 1.4 － 0.7

④ 0.9 ＋ 0.9

3 計算をしましょう。

1つ3点【24点】

① $\begin{array}{r} 9.6 \\ -\ 5.8 \\ \hline \end{array}$

② $\begin{array}{r} 2.5 \\ +\ 2.3 \\ \hline \end{array}$

③ $\begin{array}{r} 5.8 \\ +\ 1.9 \\ \hline \end{array}$

④ $\begin{array}{r} 8.7 \\ -\ 6.5 \\ \hline \end{array}$

⑤ $\begin{array}{r} 12 \\ +\ \ 5.4 \\ \hline \end{array}$

⑥ $\begin{array}{r} 17 \\ -\ \ 6.2 \\ \hline \end{array}$

⑦ $\begin{array}{r} 2.4 \\ +\ 7.6 \\ \hline \end{array}$

⑧ $\begin{array}{r} 4 \\ -\ 3.8 \\ \hline \end{array}$

4 計算をしましょう。

1つ3点【24点】

① $\dfrac{4}{7} + \dfrac{2}{7}$

② $\dfrac{4}{6} - \dfrac{2}{6}$

③ $\dfrac{5}{10} + \dfrac{5}{10}$

④ $\dfrac{5}{9} - \dfrac{3}{9}$

⑤ $1 - \dfrac{3}{6}$

⑥ $\dfrac{2}{10} + \dfrac{7}{10}$

⑦ $1 - \dfrac{6}{10}$

⑧ $\dfrac{7}{8} + \dfrac{1}{8}$

答え ▶ 96ページ

答え と アドバイス

① くり上がりのない計算① 5~6ページ

1
①379 ②666 ③654
④588 ⑤777 ⑥968
⑦875 ⑧758 ⑨279
⑩486

2
①798 ②586 ③858
④976 ⑤729 ⑥867
⑦788 ⑧696 ⑨475
⑩985 ⑪289 ⑫663
⑬857 ⑭458

✔アドバイス　2年生で学習した2けたのたし算の筆算と同じように，3けたのたし算の筆算も位をそろえて書きましょう。そして，一の位からじゅんに位ごとに計算しましょう。

② くり上がりのない計算② 7~8ページ

1
①809 ②677 ③887
④590 ⑤576 ⑥879
⑦438 ⑧905 ⑨787
⑩552

2
①659 ②777 ③796
④946 ⑤791 ⑥835
⑦874 ⑧925 ⑨474
⑩976 ⑪568 ⑫389
⑬628 ⑭397

✔アドバイス　2①の筆算では

①
```
  357
 +302
  659
```

9→1が9こあること
　7+2=9
5→10が5こあること

50+0=50
6→100が6こあること
300+300=600

を表しています。このしくみをしっかりおぼえましょう。

③ 1回くり上がる計算① 9~10ページ

1
①594 ②971 ③593
④862 ⑤770 ⑥610
⑦996 ⑧442 ⑨790
⑩383

2
①563 ②554 ③974
④570 ⑤475 ⑥861
⑦912 ⑧630 ⑨785
⑩760 ⑪693 ⑫850
⑬454 ⑭992

✔アドバイス　一の位の計算でくり上がりのある筆算です。

・十の位へ1くり上げること
・くり上がった1を小さく書いておくとよいこと
・十の位の計算では，くり上がった1をわすれずにたすこと

に気をつけましょう。
　答え合わせをして，まちがえた筆算があったら，どこでまちがえたのかを見つけて，もう一度計算するようにしましょう。自分のまちがえやすい計算がわかると，注意して計算するようになります。

④ 1回くり上がる計算② 　11~12ページ

① ①737　②529　③918
④917　⑤650　⑥847
⑦409　⑧917　⑨856
⑩517

② ①637　②829　③607
④918　⑤760　⑥805
⑦649　⑧600　⑨756
⑩407　⑪848　⑫617
⑬436　⑭809

⑦アドバイス　十の位の計算でくり上がりのある筆算です。

・百の位へ1くり上げること
・くり上がった1を小さく書いておくとよいこと
・百の位の計算では，くり上がった1をわすれずにたすこと

に気をつけましょう。

どの位でくり上がりがあっても，くり上がった1のたしわすれをしないように気をつけてください。

⑤ 1回くり上がる計算③ 　13~14ページ

① ①583　②976　③680
④374　⑤811　⑥846
⑦624　⑧928　⑨906
⑩834

② ①929　②794　③627
④590　⑤711　⑥708
⑦935　⑧451　⑨607
⑩850　⑪898　⑫526
⑬930　⑭747

⑦アドバイス　くり上がりが1回ある筆算です。くり上がった1をたしわす

れなくなったら，1を小さく書かなくてもよいですが，なれるまでは書くようにしておきましょう。

計算をする前に，答えがいくつくらいになるか見当をつけることを見つもりといいます。

①②　　807　　800+100として見
　　　　+169　　つもりをし，答えは
　　　　　　　　900より大きくなる

と予想（よそう）します。見つもりをしてから筆算するくせをつけるとよいでしょう。

⑥ 2回くり上がる計算① 　15~16ページ

① ①643　②831　③730
④665　⑤972　⑥417
⑦910　⑧723　⑨623
⑩861

② ①763　②433　③955
④530　⑤827　⑥811
⑦943　⑧614　⑨832
⑩956　⑪710　⑫650
⑬926　⑭845

⑦アドバイス　くり上がりが2回あるたし算の筆算です。あわてずに一の位からじゅんに計算していきましょう。

①⑦　　　1　　　左の筆算では，一の
　　　　341　　　位でくり上げた1を
　　　+569　　　小さく書いています
　　　　810

が，十の位でくり上げた1を小さく書いていないので，百の位の計算で3+5=8 としています。正しくは，1+3+5=9 です。

くり上げた1のたしわすれには，注意（ちゅうい）しましょう。

⑦ 2回くり上がる計算②　17~18ページ

1 ①662　②932　③711
　　④610　⑤834

2 ①503　②902　③800
　　④501　⑤300

3 ①602　②564　③901
　　④535　⑤504　⑥917
　　⑦303　⑧801　⑨883
　　⑩702　⑪500　⑫945
　　⑬603　⑭800

💡**アドバイス**　**2**では，十の位の計算でくり上がった1をたすと10になる筆算(ひっさん)をとりあげています。十の位が0になり，百の位に1くり上がることに注意(ちゅうい)しましょう。

⑧ 百の位でくり上がる計算①　19~20ページ

1 ①1297　②1449　③1398
　　④1362　⑤1225　⑥1580
　　⑦1085　⑧1468　⑨1407
　　⑩1118

2 ①1279　②1193　③1057
　　④1324　⑤1460　⑥1348
　　⑦1398　⑧1317　⑨1090
　　⑩1509　⑪1156　⑫1542
　　⑬1479　⑭1107

💡**アドバイス**　百の位で1くり上がる筆算です。百の位でくり上がっても，これまでと同じしかたで筆算できます。

2①
```
   747
 +532
  1279
```
左の筆算では，たす数もたされる数も3けたで，答えは4けたです。千の位の1は，「＋」の下あたりに書いておくとよいでしょう。

⑨ 百の位でくり上がる計算②　21~22ページ

1 ①1418　②1366　③1047
　　④1243　⑤1104　⑥1021
　　⑦1005　⑧1000　⑨1052
　　⑩1000

2 ①1443　②1215　③1140
　　④1023　⑤1512　⑥1037
　　⑦1191　⑧1622　⑨1054
　　⑩1166　⑪1212　⑫1000
　　⑬1003　⑭1000

💡**アドバイス**　くり上がりが何回あっても百の位でくり上がっても，今までと同じように筆算しましょう。どの位でもくり上がった1をたしわすれないようにします。

⑩ たし算の練習①　23~24ページ

1 ①679　②698　③794
　　④563　⑤739　⑥904
　　⑦441　⑧820　⑨942
　　⑩807　⑪1174　⑫1000
　　⑬1391　⑭1106

2 ①778　②899　③688
　　④561　⑤615　⑥700
　　⑦803　⑧561　⑨1199
　　⑩1282　⑪1000　⑫1420

3 ①
```
   562
 +173
  735
```
②
```
   765
 +187
  952
```
③
```
   342
 +367
  709
```
④
```
   858
 +462
 1320
```

💡**アドバイス**　なれてきたら，正しく速(はや)く計算できるように練習(れんしゅう)しましょう。

11 たし算の練習② 25~26ページ

1 ①849　②912　③1025
④533　⑤780　⑥1003
⑦857　⑧1314　⑨710
⑩628　⑪1187　⑫1491
⑬1000　⑭1005

2 ①845　②498　③1075
④869　⑤900　⑥705
⑦940　⑧1374　⑨952
⑩486　⑪1470　⑫1001

3
①　173 ＋248 ＝ 421
②　225 ＋497 ＝ 722
③　316 ＋286 ＝ 602
④　748 ＋584 ＝ 1332

💡アドバイス　3けたのたし算の筆算のまとめとなる練習です。まちがったところは、計算しなおしてみましょう。

12 算数パズル 27~28ページ

❶ （い）（あ）
①5[2]9 ＋230 ＝ [7]59　②[3]72 ＋106 ＝ 478　③64[2] ＋344 ＝ 98[6]

（い）
④8[3]2 ＋30 ＝ 862　⑤[8]5 ＋713 ＝ [7]98　⑥[4]03 ＋432 ＝ 8[3]5

[あ…2+7+3+6+2+8=28]
[い…8+0+8+7+4+3=30]

❷ （い）
（あ）
①[4]25 ＋62 ＝ 487　②30[1] ＋192 ＝ [4]93　③558 ＋[3]41 ＝ 89[9]　④21[7] ＋524 ＝ 74[1]

（い）
⑤[4]42 ＋236 ＝ 6[7]8　⑥137 ＋5[1]0 ＝ [6]47　⑦[6]04 ＋331 ＝ 9[3]5　⑧[5]6 ＋826 ＝ [8]82

[あ…4+2+1+4+3+9+7+4=34]
[い…4+7+1+6+6+3+5+8=40]

13 くり下がりのない計算① 29~30ページ

1 ①242　②234　③112
④423　⑤215　⑥544
⑦133　⑧253　⑨446
⑩512

2 ①111　②262　③311
④175　⑤723　⑥344
⑦425　⑧623　⑨422
⑩517　⑪322　⑫144
⑬137　⑭614

💡アドバイス　ここから3けたのひき算の筆算となります。たし算の筆算と同じように、位をそろえて書き、一の位からじゅんに位ごとに計算していきましょう。

14 くり下がりのない計算② 31~32ページ

1 ①134　②211　③532
④312　⑤522　⑥333
⑦262　⑧814　⑨151
⑩564

2 ①333　②732　③431
④413　⑤173　⑥331
⑦935　⑧813　⑨723
⑩341　⑪131　⑫254
⑬528　⑭236

💡アドバイス　ひき算の答えのたしかめは、次 1②
456 －245 ＝ 211　→　211 ＋245 ＝ 456
のようにします。

ひき算の答えにひいた数をたします。その答えがひかれる数になっていたら、ひき算の答えは正しいです。まちがっていたら、どの位でかがわかります。

15 くり下がりのない計算③ 33~34ページ

1
①24	②201	③332
④403	⑤10	⑥904
⑦6	⑧482	⑨710
⑩430		

2
①202	②18	③310
④70	⑤203	⑥306
⑦402	⑧200	⑨105
⑩7	⑪30	⑫104
⑬202	⑭230	

🖊️**アドバイス** くり下がりのないひき算の筆算の3回めですが，ここでは0のひき算がでてきます。

0－0＝0，5－5＝0，5－0＝5 の計算が，筆算でもまちがいなくできるようにしましょう。

また，右のように
百の位の0や，百の
位と十の位の0を書
かないことにも気を
つけましょう。

$$\begin{array}{r} \textbf{1}⑤ \quad 228 \\ -218 \\ \hline 010 \end{array}$$

$$\begin{array}{r} \textbf{2}⑩ \quad 549 \\ -542 \\ \hline 007 \end{array}$$

1⑥の百の位は
9－0＝9と計算します。

16 1回くり下がる計算① 35~36ページ

1
①527	②239	③558
④365	⑤106	⑥47
⑦58	⑧448	⑨831
⑩708		

2
①738	②212	③628
④117	⑤217	⑥505
⑦27	⑧636	⑨109
⑩754	⑪639	⑫4
⑬78	⑭325	

🖊️**アドバイス** 十の位から一の位へのくり下がりのある筆算です。

・一の位の計算は，十の位から1くり下げて計算すること
・十の位に，1くり下がった数を小さく書いておくとよいこと
・十の位の計算は，小さく書いた数からひくこと

に気をつけましょう。

17 1回くり下がる計算② 37~38ページ

1
①272	②485	③166
④384	⑤183	⑥670
⑦193	⑧532	⑨256
⑩673		

2
①257	②193	③343
④470	⑤187	⑥392
⑦275	⑧232	⑨161
⑩580	⑪291	⑫642
⑬855	⑭84	

🖊️**アドバイス** 百の位から十の位へのくり下がりのある筆算です。十の位から一の位へのくり下がりのある筆算のしかたと同じように，百の位に1くり下げた数を小さく書いておきましょう。百の位でのひき算のまちがいをふせぐことができます。

ひき算の筆算は，たし算の筆算にくらべてまちがいが多いようです。けた数がちがっていても答えの

1⑧
$$\begin{array}{r} 625 \\ -\quad93 \\ \hline 532 \end{array} \quad \begin{array}{r} 532 \\ +\quad93 \\ \hline 625 \end{array}$$

たしかめはできます。計算ができたら，上のように答えのたしかめをするくせをつけておくとよいです。

$$2-0=2$$

となります。

39~40ページ

⑱ ｜回くり下がる計算③

１　①318　　②334　　③558
　　　④103　　⑤46　　　⑥90
　　　⑦852　　⑧95　　　⑨462
　　　⑩240

２　①384　　②348　　③52
　　　④417　　⑤465　　⑥429
　　　⑦574　　⑧38　　　⑨650
　　　⑩428　　⑪209　　⑫362
　　　⑬823　　⑭84

⑦アドバイス　｜回くり下がりのある
筆算の問題ばかりですが，どの位の計
算でくり下がりがあるのかをよくたし
かめながら計算をしましょう。

⑲ ２回くり下がる計算①

41~42ページ

１　①269　　②177　　③357
　　　④279　　⑤488　　⑥486
　　　⑦257　　⑧369　　⑨258
　　　⑩538

２　①277　　②149　　③448
　　　④167　　⑤254　　⑥683
　　　⑦598　　⑧266　　⑨256
　　　⑩487　　⑪378　　⑫439
　　　⑬182　　⑭455

⑦アドバイス　十の位，百の位でくり
下がりのある筆算です。十の位，百の
位にそれぞれ｜くり下げた数を小さく
書いておきましょう。

１⑨
```
    2 4
   3 5 0
 -   9 2
 ─────────
   2 5 8
```
一の位の計算は
$$10-2=8$$
十の位の計算は
$$14-9=5$$
百の位の計算は

⑳ ２回くり下がる計算②

43~44ページ

１　①229　　②447　　③73
　　　④353　　⑤197　　⑥98
　　　⑦183　　⑧92　　　⑨217
　　　⑩431

２　①147　　②596　　③296
　　　④755　　⑤15　　　⑥194
　　　⑦36　　　⑧374　　⑨108
　　　⑩97　　　⑪405　　⑫575
　　　⑬93　　　⑭897

⑦アドバイス　ひかれる数の十の位は
０なので，一の位へくり下げられませ
ん。そこで百の位から十の位へ｜くり
下げ，次に十の位から一の位へ｜くり
下げます。

１④
```
      9
   5 10 ←── この10は，100を10
   6 0 0       が10ことみているこ
 - 2 4 7       とを表しています。
 ─────────
   3 5 3
```

㉑ ３回くり下がる計算

45~46ページ

１　①675　　②339　　③548
　　　④288　　⑤128　　⑥59
　　　⑦319　　⑧907　　⑨968
　　　⑩998

２　①527　　②479　　③739
　　　④458　　⑤854　　⑥688
　　　⑦37　　　⑧247　　⑨168
　　　⑩319　　⑪997　　⑫449
　　　⑬904　　⑭698

⑦アドバイス　一の位の計算は，千の
位からじゅんに｜くり下げてします。
ていねいに計算しましょう。

㉒ ひき算の練習① 　47~48ページ

1 ①116　②333　③218
④458　⑤275　⑥363
⑦436　⑧458　⑨474
⑩684　⑪195　⑫327
⑬248　⑭155

2 ①534　②316　③913
④166　⑤366　⑥448
⑦68　⑧259　⑨397
⑩507　⑪681　⑫959

3 ①
```
  658
 -233
  425
```
②
```
  760
 -555
  205
```
③
```
  839
 - 56
  783
```
④
```
  543
 -164
  379
```

💡アドバイス　**3**③　ひく数とひかれる数のけた数がちがいます。上
```
 839      839
- 56    - 56
```
のようにひく数のいちがちがっていたり，たてに位がそろっていなかったりしないように注意しましょう。

㉓ ひき算の練習② 　49~50ページ

1 ①364　②286　③514
④209　⑤223　⑥445
⑦94　⑧724　⑨451
⑩99　⑪925　⑫876
⑬177　⑭78

2 ①26　②663　③443
④406　⑤385　⑥314
⑦20　⑧56　⑨206
⑩194　⑪987　⑫197

3 ①
```
  457
 -163
  294
```
②
```
  600
 -506
   94
```
③
```
  1002
 - 379
   623
```
④
```
  741
 -295
  446
```

💡アドバイス　　3けたの数を中心としたひき算のまとめとなる練習です。まちがえた計算があったら，どこでまちがえたのかをおさえておきましょう。
㉘からは，4けたの数のひき算をします。

㉔ 暗算 　51~52ページ

1 ①37　②75
③57　④44
⑤81　⑥94
⑦80

2 ①32　②47
③24　④50
⑤39　⑥7
⑦74

3 ①55　②64
③81　④61
⑤53　⑥65
⑦90　⑧97

4 ①58　②18
③29　④32
⑤26　⑥67
⑦9　⑧33

💡アドバイス　　**1**①　24+13の計算を，13を10とみて，24+10=34，これにのこりの3をたして，34+3=37とする考え方もあります。計算しやすいしかたで暗算をしましょう。

㉕ 算数パズル 53~54ページ

❶
① 399 − 120 = 279
② 9̄55 − 322 = 633
③ 3̄28 − 170 = 158

④ 8̄16 − 302 = 514
⑤ 4̄41 − 34 = 407
⑥ 7̄28 − 513 = 215

⑦ 5̄76 − 422 = 154
⑧ 4̄31 − 169 = 262
⑨ 2̄37 − 128 = 109

❷
① 589 − 152 = 437
② 7̄54 − 628 = 126
③ 6̄39 − 120 = 519

④ 9̄01 − 808 = 93
⑤ 3̄97 − 110 = 287
⑥ 7̄40 − 464 = 276

⑦ 6̄68 − 150 = 518
⑧ 8̄68 − 171 = 697
⑨ 7̄43 − 632 = 111

㉖ 4けたの数のたし算 55~56ページ

1 ①4734 ②6168 ③5886
④7644 ⑤8128 ⑥4854
⑦7201 ⑧8907 ⑨8152
⑩9000

2 ①6689 ②5819 ③5895
④5000 ⑤3354 ⑥7781
⑦8038 ⑧5626 ⑨6713
⑩6007 ⑪9000 ⑫9331
⑬8534 ⑭6258

🖊アドバイス 4けたの数のたし算の筆算(ひっさん)では，くり上がりが3回ある計算もあります。3けたの数のたし算の筆算のように，くり上げた1を小さく書いて，たしわすれないようにしましょう。

㉗ 4けたの数のたし算の練習 57~58ページ

1 ①4397 ②9375 ③6751
④6684 ⑤8042 ⑥6020
⑦9132 ⑧8312 ⑨7289
⑩5626 ⑪5905 ⑫8000
⑬4035 ⑭9974

2 ①5921 ②6764 ③8499
④3850 ⑤8007 ⑥4295
⑦5361 ⑧5107 ⑨9000
⑩6827 ⑪9260 ⑫8056

3
① 5573 + 289 = 5862
② 1987 + 6438 = 8425

🖊アドバイス 4けたの数のたし算ができるようになれば，5けた，6けたとけた数がふえても，同じように筆算をして答えがもとめられます。

㉘ 4けたの数のひき算 59~60ページ

1 ①638 ②1553 ③3538
④7280 ⑤1821 ⑥4076
⑦1535 ⑧2328 ⑨1560
⑩2976

2 ①7121 ②2443 ③1755
④350 ⑤2871 ⑥4479
⑦2304 ⑧2199 ⑨1688
⑩967 ⑪3522 ⑫554
⑬3554 ⑭1804

🖊アドバイス 4けたの数のひき算の筆算では，くり下がりが3回ある計算もあります。下の位(くらい)に1くり下げたときは，1ひいた数を小さく書いておきましょう。また，ひく数のけた数にも注意(ちゅうい)して計算しましょう。

㉙ 4けたの数のひき算の練習 61~62ページ

1 ①3193 ②1503 ③3118
④1810 ⑤1768 ⑥5955
⑦818 ⑧5566 ⑨4597
⑩6359 ⑪3487 ⑫2084
⑬3794 ⑭7057

2 ①1974 ②294 ③58
④3636 ⑤2992 ⑥5234
⑦3086 ⑧147 ⑨8966
⑩1365 ⑪4496 ⑫3766

3 ①
```
  3 4 7 5
-   7 1 6
  2 7 5 9
```
②
```
  8 0 0 0
- 6 9 4 2
  1 0 5 8
```

❶アドバイス 3① 4けたから3けたの数をひくひき算です。位をたてにそろえて書くことに注意しましょう。

4けたの数のひき算が筆算でできるようになれば，けた数がふえても同じように筆算をして，答えがもとめられます。

㉚ 小数のたし算① 63~64ページ

1 ①0.8 ②1
③0.5 ④0.8
⑤0.8 ⑥0.9
⑦1 ⑧1

2 ①1.2 ②1.6
③1.2 ④1.5
⑤2.4 ⑥2.9
⑦2.3 ⑧3

3 ①0.6 ②1
③1.3 ④0.9
⑤1.4 ⑥1.4
⑦1.1 ⑧1.3
⑨3 ⑩0.9

⑪1 ⑫2.6
⑬1.7 ⑭2.9
⑮2.7 ⑯2

❶アドバイス 0.6や1.9のような数を

0.6 ↑ 小数点

小数といい「.」を小数点といいます。また，0，1，2，……のような数を整数といいます。

小数のたし算は，0.1をもとにして計算します。2③ 0.4+0.8 の計算は，0.1が(4+8)で12こなので1.2となります。

40+80 のたし算は，10をもとにすると，10が(4+8)で12こなので120となります。

これと同じ考え方で，0.1をもとにすれば整数の計算で答えをもとめられます。

㉛ 小数のたし算② 65~66ページ

1 ①3.8 ②3.9 ③5.7
④3.2 ⑤4 ⑥5
⑦7.7 ⑧7.6 ⑨10

2 ①2 ②5.7 ③4.6
④4 ⑤4.1 ⑥6.2
⑦7.5 ⑧5.8 ⑨8.7
⑩10 ⑪6.3 ⑫8.3
⑬8.1 ⑭10.1 ⑮12

❶アドバイス 下の表のように，小数

十の位	一の位	小数第一位
1	2	3

点のすぐ右の位を

小数第一位または，$\frac{1}{10}$の位といいます。

1⑤，⑥，⑨，**2**①，④，⑩，⑮は，小数第一位の数をななめの線で消します。

(32) 小数のひき算①　67~68ページ

1　①0.6　　②0.4
　　③0.6　　④0.1
　　⑤0.3　　⑥1.1
　　⑦0.1　　⑧0.6

2　①0.5　　②0.7
　　③0.9　　④0.5
　　⑤1.8　　⑥1.3
　　⑦0.8　　⑧0.4

3　①0.4　　②0.2
　　③0.4　　④1.4
　　⑤0.7　　⑥0.4
　　⑦1.1　　⑧0.3
　　⑨0.8　　⑩0.6
　　⑪0.2　　⑫0.5
　　⑬1.7　　⑭0.2
　　⑮1.2　　⑯2.7

❶アドバイス　小数のたし算と同じように，0.1をもとにして計算します。
2⑧　0.1が（24−20）で4こなので0.4となります。2を0.2として，0.1が（24−2）で22こなので2.2とするまちがいがみられます。2は小数で表すと，2.0とむすびつけられるようにしましょう。

(33) 小数のひき算②　69~70ページ

1　①0.6　　②0.5　　③2.2
　　④4.3　　⑤1.3　　⑥2
　　⑦3　　⑧2.9　　⑨6.5
　　⑩3.1

2　①0.4　　②2　　③3.7
　　④3.5　　⑤5.4　　⑥4.1
　　⑦2.6　　⑧0.4　　⑨0.6

　　⑩0.3　　⑪1　　⑫2.8
　　⑬4.7　　⑭6

❶アドバイス　**1**⑥，⑦，**2**②，⑪，⑭では，小数第一位の0は，ななめの線で消しましょう。
　また，**1**①，②，**2**①，⑧，⑨，⑩は，「0」を書きたすことをわすれないようにしましょう。
1⑩
$$\begin{array}{r} 6.1 \\ -\ 3 \\ \hline 3.1 \end{array}$$
3は3.0と考えて，整数のひき算と同じように計算します。
わすれずに小数点をうちましょう。

(34) 小数のたし算とひき算の練習①　71~72ページ

1　①0.9　　②1
　　③0.6　　④0.3
　　⑤1　　⑥1.6
　　⑦0.8　　⑧0.9
　　⑨1.4　　⑩1.5
　　⑪1.8　　⑫0.7
　　⑬5.9　　⑭4
　　⑮2.3　　⑯0.3

2　①0.4　　②0.7
　　③1.7　　④2.7
　　⑤0.9　　⑥1.9
　　⑦2　　⑧0.2
　　⑨0.2　　⑩1
　　⑪1.4　　⑫1.4
　　⑬2.4　　⑭0.2
　　⑮2.6　　⑯5

❶アドバイス　たし算とひき算がまじった計算なので，記号に気をつけましょう。
　どの計算も0.1の何こ分かで考えることが大切です。

94

(35) **小数のたし算とひき算の練習②** 73~74ページ

1 ①5.9　②4.7　③8.4
④2.4　⑤0.4　⑥0.7
⑦13.2　⑧7　⑨7.1
⑩7　⑪3.2　⑫0.5
⑬10　⑭1.6

2 ①5.8　②3　③5.7
④3.2　⑤16.6　⑥7.9
⑦1.1　⑧0.7　⑨9.8
⑩8.5　⑪8　⑫10
⑬10　⑭0.7　⑮8.7
⑯17.1　⑰19.2　⑱3.3

(36) **分数のたし算** 75~76ページ

1 ①3　②3
③5　④7
⑤7

2 ①3，1　②4，1
③8，1　④9，1

3 ①$\frac{4}{5}$　②$\frac{6}{8}$
③$\frac{6}{7}$　④$\frac{5}{9}$
⑤$\frac{5}{6}$　⑥$\frac{7}{10}$
⑦$1\left(\frac{3}{3}\right)$　⑧$\frac{8}{10}$
⑨$1\left(\frac{6}{6}\right)$　⑩$\frac{5}{7}$
⑪$\frac{6}{9}$　⑫$\frac{9}{10}$
⑬$1\left(\frac{7}{7}\right)$

●アドバイス　分数のたし算は，もとにする分数のいくつ分になるかを考えて，分子どうしをたします。

1③　$\frac{2}{7}+\frac{3}{7}$は，$\frac{1}{7}$が$(2+3)$こで$\frac{5}{7}$

です。$\frac{2}{7}+\frac{3}{7}=\frac{5}{14}$としないようにしましょう。

2②　$\frac{2}{4}+\frac{2}{4}$は$\frac{1}{4}$の4こ分なので$\frac{4}{4}$，

分母と分子が同じ数なので，1となります。

(37) **分数のひき算** 77~78ページ

1 ①2　②3
③2　④4
⑤2

2 ①4，3　②5，3
③8，3　④7，1
⑤6，3

3 ①$\frac{1}{3}$　②$\frac{4}{8}$
③$\frac{5}{7}$　④$\frac{2}{9}$
⑤$\frac{2}{5}$　⑥$\frac{2}{5}$
⑦$\frac{4}{10}$　⑧$\frac{4}{6}$
⑨$\frac{5}{7}$　⑩$\frac{3}{9}$
⑪$\frac{4}{7}$　⑫$\frac{3}{9}$
⑬$\frac{7}{10}$

●アドバイス　分数のたし算と同じように，もとになる分数のいくつ分になるかを考えて，分子どうしでひき算をします。

1から分数をひくときは，1をひく数の分母と同じにしましょう。

3⑥　$1-\frac{3}{5}=\frac{5}{5}-\frac{3}{5}=\frac{2}{5}$

㊳ 分数のたし算とひき算の練習① 79~80ページ

1 ①3 ②8, 1
③1 ④3
⑤4 ⑥7
⑦3 ⑧6, 2
⑨4 ⑩7
⑪3 ⑫1
⑬6, 1 ⑭9, 5

2 ①$\frac{6}{8}$ ②$\frac{3}{6}$
③$1\left(\frac{7}{7}\right)$ ④$\frac{4}{9}$
⑤$\frac{7}{10}$ ⑥$\frac{5}{6}$
⑦$\frac{4}{5}$ ⑧$\frac{2}{5}$
⑨$1\left(\frac{6}{6}\right)$ ⑩$\frac{2}{9}$
⑪$\frac{6}{7}$ ⑫$\frac{3}{10}$
⑬$1\left(\frac{9}{9}\right)$ ⑭$\frac{2}{8}$
⑮$\frac{3}{6}$ ⑯$\frac{1}{10}$
⑰$1\left(\frac{10}{10}\right)$

㊴ 分数のたし算とひき算の練習② 81~82ページ

1 ①4 ②6
③2 ④7
⑤8 ⑥6, 4
⑦8, 1 ⑧2
⑨4 ⑩10, 1
⑪7, 3 ⑫3
⑬9, 4 ⑭9

2 ①$\frac{3}{7}$ ②$\frac{5}{7}$
③$\frac{4}{5}$ ④$\frac{2}{8}$

⑤$1\left(\frac{8}{8}\right)$ ⑥$\frac{6}{7}$
⑦$\frac{2}{5}$ ⑧$\frac{7}{8}$
⑨$\frac{1}{6}$ ⑩$\frac{7}{9}$
⑪$1\left(\frac{4}{4}\right)$ ⑫$\frac{4}{8}$
⑬$\frac{2}{9}$ ⑭$\frac{5}{6}$
⑮$\frac{3}{10}$ ⑯$\frac{4}{10}$
⑰$\frac{8}{10}$

㊵ まとめテスト 83~84ページ

1 ①828 ②26 ③282
④1423 ⑤407 ⑥604
⑦842 ⑧289 ⑨535
⑩8201

2 ①1 ②0.7
③0.7 ④1.8

3 ①3.8 ②4.8 ③7.7
④2.2 ⑤17.4 ⑥10.8
⑦10 ⑧0.2

4 ①$\frac{6}{7}$ ②$\frac{2}{6}$
③$1\left(\frac{10}{10}\right)$ ④$\frac{2}{9}$
⑤$\frac{3}{6}$ ⑥$\frac{9}{10}$
⑦$\frac{4}{10}$ ⑧$1\left(\frac{8}{8}\right)$

❶アドバイス この本で学習した内ようをまとめたテストです。苦手な計算があったら，くり返し練習しましょう。

上の学年になると，小数や分数のかけ算やわり算を学習します。小数や分数のしくみは，ここでおさえておきましょう。